創造命運

夢想家

MOTIVATION
激勵學系
001

讓夢想通過思維
引導夢想實踐
邁向幸福人生

創造命運

夢想家

MOTIVATION
激勵學系
001

讓夢想通過思維
引導夢想實踐
邁向幸福人生

創造命運夢想家

CREATE YOUR DESTINY

車志健

自
PREFACE
序

讓積極思維帶領夢想

很多人都有夢想，但敢想敢做的，並不多。

曾幾何時，我也是個普通人，本以爲會當一份職業，渾噩地度過這一生。然而，轉機卻總在意想不到的地方出現。在我的事業陷入迷惘時，有一位朋友手術後昏迷了一段時間，家中妻小無人照顧。我一心想爲這位朋友做些事情，就突發奇想決定透過挑戰健力士世界紀錄進行慈善籌款，爲朋友籌集醫療費，減輕他和家人的負擔。

當時，身邊的人都紛紛勸阻:「Brian，你已是超過40歲的人，那位英國紀錄保持者可是比你年輕，比你强壯，這樣辛苦自己值得嗎？」

的確，身邊似乎沒有人知道怎樣訓練來迎戰世界紀錄，就連職業高球手對連續12小時，平均每5秒發一球這事都沒有概念。既然是從零開始，何不放手一博？我一邊與這些質疑的聲音抗衡一邊訓練，每當心煩氣躁和遇上困難時就想想我的偶像李小龍，嘗試換位思考，若他是我，他會怎麼做？對李小龍的生活態度，我非常了解，只要正確的事，他絕不會退縮。我也應當向他學習，不可輕易言棄。

2012年，我在12小時內打出9959顆高爾夫球，比紀錄保持者多出2000顆以上。儘管在挑戰最後的一小時我痛苦得接近崩潰，可是在宣布我成功破紀錄的那一刻，心裏頓覺感動，彷彿之前付出的一切努力都是值得的。我明白，我不止打出了新的紀錄，也打出了新的想法。

所謂夢想，只要敢想敢做，就能成功。千萬別讓負面思維局限自己。這一切無關身世，很多人因受家庭背景而失去信心，曾是草根階層的我現在不僅是一名企業家，更是成功打破3項運動世界紀錄者，亦是一名作者。別因爲自己的出身寒酸就覺得成功與你無關，最重要是相信自己。

自信心、執行力和堅持，是邁向成功的關鍵。讓正面思維帶動夢想，變成你現實中的一項成就。

如何做？怎麼做？且讓我藉由《創造命運——夢想家》這本書向你一一細說。前方還有7項世界紀錄等着我挑戰，讓我們共同努力，讓夢想一一實現吧！

車志健
Brian Cha
亞洲激勵講師
2019年5月 香港

2018年在吉隆坡舉行
BOLD演講會，
現場氣氛非常熾熱。

推薦
FOREWORD
序

開闊格局，共創人生巔峰

車志健，是來自香港有名的激勵演講師。車志健藉由自己的歷練，領悟出一套可以協助群眾的系統。除了具備堅韌的毅力與勇氣，車志健成功的關鍵，也在於他擁有與眾不同的視野與理想。他原本就來自於中西融合的國際都市，然而他並不拘於一方土地，而是選擇更廣大、更遼遠的理想，走上世界舞臺，使自己晉升世界挑戰的名冊裏，創造出屬於自己的命運。

這一項決定並不容易，卻注定了他的與別不同。

車志健就像是人生的煉金師，他在煉製別人的人生之前，先用心煉製自己的人生；他努力地打破人生的困局，創下首個世界紀錄；他的挑戰成功，堅定了自己的價值和理念；他的正面思維也影響了身邊的親友，幫忙他們找到了人生方向。到後來甚至華麗轉身，成爲了激勵演講師，以他的成功秘訣幫助許多群眾，給予他們無限的正能量。

最重要的是，他不會只顧着自己的成功而選擇秘而不宣。社會是一種共生共榮的群眾結構，自己好，別人好，那才真正好，這也是我的企業理念。而人與人之間也會互相影響，正面的人互相影響所獲得的正能量不只是相加而是相乘。最終，正面理念將會成爲社會中的一個核心價值，影響更多的人，造就更好的社會。

希望更多群眾閱讀此書後，可以發掘並提升自己的價值，讓自己的人生更加不凡！

林金鐘
KC Lim
易盛集團董事主席
2019年5月 馬來西亞，吉隆坡

推薦
FOREWORD
序

正向傳播，共創遠大成就

對許多人來説，車志健這名字一點也不令他們感到陌生。

他在馬來西亞擁有廣大的支持者。在網路上，他發布的視頻深受我國大眾的歡迎。而他多次打破世界紀錄的經歷，更爲許多人帶來了啓發。

在思維上，我們有若干共同的理念。比如，我們都同樣認爲積極正面，是應對及解除生活壓力最理想的方式；我們對富裕的定義同樣不是聚焦在物質層面，思維才是富裕的關鍵詞。

我們深信，自己才是人生的掌舵者。命運，應當由我們自己去控制流向，把握自身的成敗是非。成就自己之餘，也要幫助別人成就本身，授人以魚不如授人以漁，所以我們都選擇以教育的方式將秘訣傳授給別人。

車志健以身試煉，通過自己的低潮經驗和打破世界紀錄的歷程，啓發廣大的讀者——生命並無絶境，希望永在前方。毅力非凡的車志健甚至由此整理出一套適用於多項領域的學習系統，幫助群眾自我管理，透過自律，達成自己設下的目標。

車志健尤其讓我欣賞的地方是：他性格樂觀，面對困境永不放棄。他也不吝嗇於分享自己的成就。對他而言，「成就」並非獨享的成果，通過激勵講師的身分，他成功地把他自己的「成就」帶給群眾，引導正確的人生方向，共創更大、更遠的成就。

在此恭喜車志健新書出版。此書必能宣揚正能量，奉獻社會大眾。

拿督饒新羽
Dato' Joe Yew Sin Yoo
A PLUS BOSS 理財集團創辦人
2019年5月 馬來西亞，吉隆坡

推薦
FOREWORD
序

人生，毋需設限

車志健是一名成功的激勵講師，也是世界紀錄的創造者。

他最讓人佩服的一點的是，他身體力行告訴大家：「我成功地激勵自己了，你也可以的。」最好的證明就是3項世界紀紀錄。

身教重於言教，以身作則勝於口頭訓誨。一些人一生中也未必能創造紀錄，而車志健就憑着本身的毅力破了3項世界紀錄，這並不是人人都能達到的成就。

車志健並非富家子弟，也曾經歷人生的低谷。他靠自己超强的意志力走出泥濘，透過自我挑戰來告訴別人：「我做到了，你也可以！」他友善熱心，在挑戰世界紀錄的同時也組織公益活動，爲弱勢社群募款。

完成3項世界紀錄的他，也沒因此懈怠下來。他自己對人生的挑戰不曾間斷，也不爲自己設限。人生就是這樣，雖然未必能一步登天，但總要爲自己設下一個目標，一步一腳印去達成，而不是坐等機會的到來。

我非常認同車志健正面思維待己待人的態度，這道理用在企業上也是一樣的，只有正面積極的團隊和公司才有持續發展的可能性。即使自覺自己是團隊的一顆齒輪，也不要甘於被磨損，而是時刻打磨自己保持着最好的狀態。

在此恭賀車志健最新著作順利出版。希望閱讀這本書的讀者能夠有所得益，走出屬於自己的成功大道。

文鵬衡
Shane Mun
Vimigo App 創始人
Big Bath 創始人
2019年5月 馬來西亞，吉隆坡

推薦

FOREWORD

序

「你能提供多大的價值，你就有多大的成功！」

這一句話，就是Brian給我的第一個感覺。一年多前，通過社交媒體認識了Brian。當時被他那把渾厚的聲音，鏗鏘有力的演説所吸引。後來，得知他來馬演講分享，我就帶了好多位朋友參加學習，私底下也常常和他交流，就這樣我們成爲了好朋友，亦師亦友。

這兩年，相信大馬人對他都不陌生，因爲他總是無處不在、風雨無阻，每天錄製視頻，免費爲大家輸送正能量。還記得第一次見面時，我問了Brian一個問題：爲何你願意每一天，毫無保留的，免費爲大家分享各種銷售技巧、演講技巧和正能量？當時他給我的回覆非常簡單：我只希望如果通過我的分享，能夠提供更大的價值給大家，幫助大家，就已經足夠了！

衡量一個人的成功，不是取決於他多有錢，有多高的社會地位，而是到底他幫助了多少人，啓發了多少人，爲這個社會帶來多大的價值。對我而言，Brian今天的成功，正是因爲他願意不計回報，免費提供大量的價值給大眾，而現今社會所需要的就是更多這類型的人生導師！

Brian通過非常出色的目標管理，高度的自律，勇於挑戰自我極限，奮鬥不息，以及擁有出色的演說力和領導力，讓他人生獲得了成功。同時，他善用社交媒體，發揮影響力，大量提供免費價值，這是他另一個成功之處。他的成功故事，也給了年輕人一個啓發：只要你願意，努力付出，敢於挑戰常規，走自己的路，並付諸實行，你也一定能成功！

在此，祝福Brian車志健實現人生夢想，繼續他的夢想革命，書寫他的傳奇人生！

胡瑞志
Jay Fu
FINEX & EV 創始人兼顧問
2019年5月 馬來西亞，吉隆坡

推薦
FOREWORD
序

離開舒適圈，挑戰自我

Brian是一位非常有魄力、有理想及有感染力的創業家。

他為了理想，不會停留在熟悉的工作範疇，反而願意走出comfort zone，挑戰自己，願意付出一切，非常不簡單，在此祝願Brian新書成功。

李祉鍵
Kenji Lee
翠華集團 執行董事
2019年5月 香港

推薦
FOREWORD
序

以身試煉，爲他人啟示

認識Brian好幾年了，由健身教練、世界紀錄保持者、演説家到一位夢想革命家，Brian確實活出了敢於挑戰，每天爲夢想而努力的精彩人生。他以自己的見證，激勵了不少迷惘的人生；他的演説，也讓許多人重新檢視自己的可能性，相信透過這本Brian的最新著作《創造命運——夢想家》，你一定可以找到人生中一些非常重要的啓示。

王君杰
Jeff Wong
香港人壽保險從業員協會前會長
香港人壽保險經理協會前會長
2019年5月 香港

推薦
FOREWORD
序

共生平等，精彩人生

很喜歡Brian堅持夢想、用雙手創造的這個人生觀。無論健全或傷殘的人士，也可以擁有一個精彩人生。

我相信大家也可以透過Brian的經驗和指導，活出一個沒有限制的人生！

葉湛溪
Kai Yip
香港復康力量會長
健障互匡會會長
2019年5月 香港

推薦
FOREWORD
序

堅持理想，勇敢的追夢人

在現今的生活節奏中，大多數人過着刻板生活，越來越少人談及夢想！記得2014年中在一個環保單車活動中認識作者車志健(Brian)，當時的他連續在單車機上騎自行車數十小時，目的是爲創造世界紀錄。期間他曾經筋疲力盡，亦有受傷患困擾，但他仍然在單車上堅持到最後一刻。全場參加者都被他對夢想的堅持所感染。最後，新的世界紀錄誕生了。Brian在《創造命運——夢想家》細緻描述他怎樣創建、追求和實現夢想，同時怎樣在追尋夢想過程中克服種種障礙。願讀者能感受Brian的追夢過程，共同創造命運！

李致和

李致和
Daniel Lee
前香港首席三項鐵人運動員
現任香港中文大學講師
2019年5月 香港

目錄

Contents

01

第一章　草根家庭寫照

025　I　寮屋區的童年

028　II　時光裏的小確幸

・只有簡單，才能快樂

・化身父母的「得力助手」

033　III　理想&現實之間

・異國深造那段時期

・前路不明，霧裏看花

02

第二章　逆轉草根人生

043　I　挑戰世界紀錄

・一個大膽的想法

・後天努力能勝天賦

・人生有無限可能

050　II　成功男人背後的支柱

054　III　逆轉勝的人生

03

第三章　走出困局 步向理想人生

061　I　冷靜思考，從容面對
・猝不及防的插曲
066　II　恐懼並沒有錯
・「做不到」是前進動力
071　III　敢夢敢想，相信生命

04

第四章　正向人生與成功

075　I　「世上沒有不可能」的自信
080　II　將不可能變成可能
・高效學習才是王道
・尋找人生的仰慕者
090　III　竟然渴望掌聲而不是成功?

05

第五章　自我與夢想

097　I　**眞正自我的定義**

100　II　**設定計劃，高遠目標**

- 發掘自身優勢
- 確立人生目標
- 擬定系列目標
- 衝往夢想海洋

107　III　**Copy and Improve 複製進步**

第六章　自律與時間

115　I　**消失中的時間**

- 時間管理的哲學
- 專注力即成功力

118　II　**自律=自由**

122　III　**習慣成自然**

- 好習慣成就人生
- 知足心態很重要

07

第七章　掙取知識比金錢重要

129　I「成功人士」只是一種選擇

·如何樹立正確的價值觀

136　II　明智創造你的幸福人生

·探索知識增進自身價值

·幸福與成功真能成正比?

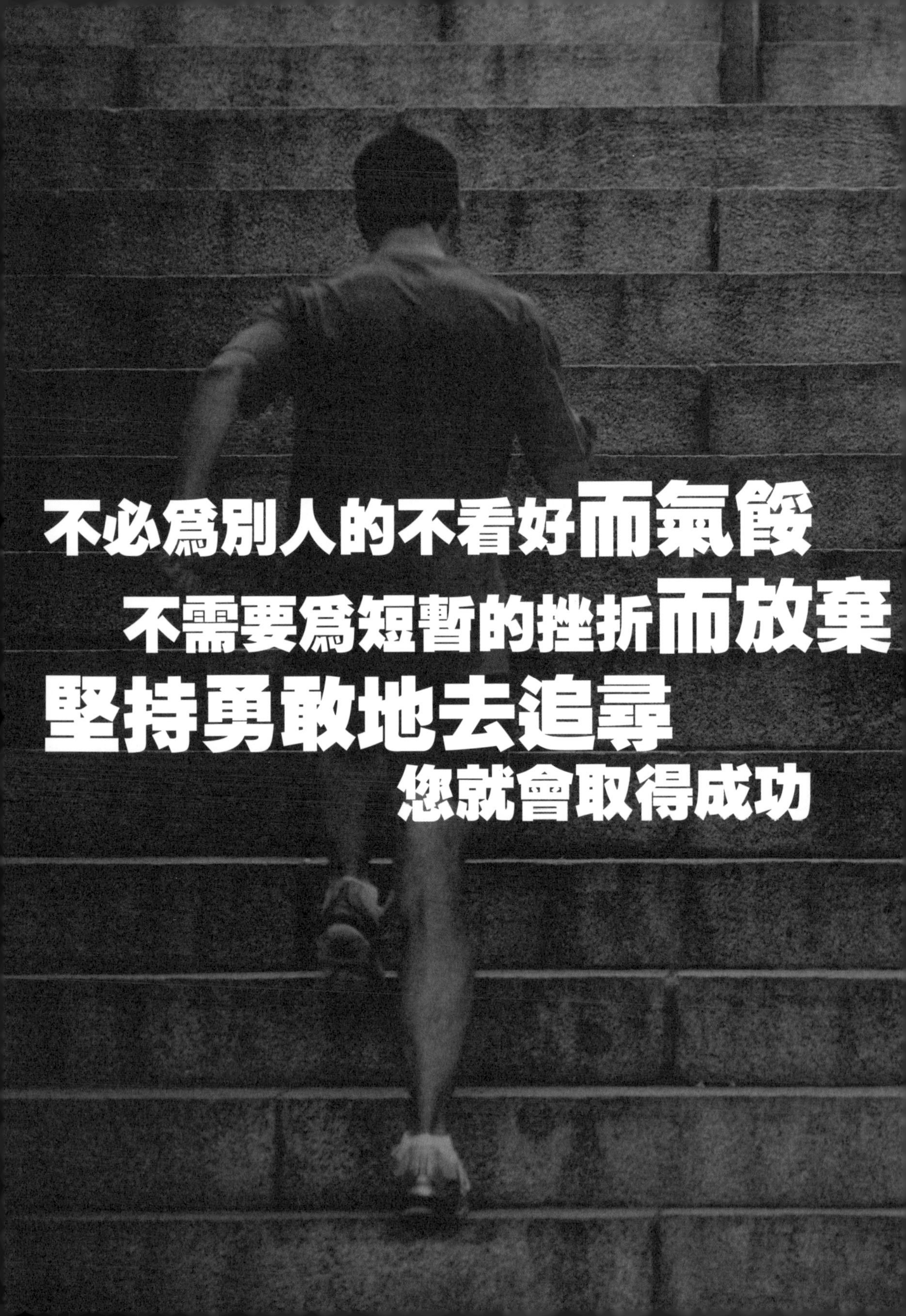

不必爲別人的不看好而氣餒
不需要爲短暫的挫折而放棄
堅持勇敢地去追尋
您就會取得成功

01
草根家庭寫照

寮屋區的童年

在上世紀的70年代，香港經濟起飛，在國際已有「亞洲四小龍」的稱謂。在水泥叢林高聳豎立的都市，我卻居住在香港的另一端——在香港邊陲的山腳下，佇立着一家殘破簡陋的小木屋。我們三代同堂，共同生活在這個地方。除了我的父母兄弟，我的曾祖母、祖父母，以及阿姨、舅舅……母親的7位兄弟姐妹，也擁堵在這狹小逼仄的寮屋。

寮屋的結構相當脆弱，僅由鐵皮和木板搭建而成。每每遇上颱風或暴風雨，屋子彷彿也在隨風雨晃動，彷彿隨時有崩塌的危險。而水電斷源也是家常便飯，不足爲奇。寮屋區並沒有現代化的自來水系統，一般我們只能到井邊打水，或到公共自來水站取水。哦，更毋用談洗手間——這個擁擠嘈雜的寮屋裏，連洗手間也沒有。大夥兒都必須到髒亂的公廁進行各種盥洗、沐浴及如廁。

1975年，三歲的我！這個就是我在香港大圍木屋區長大的木屋。

儘管生活條件惡劣，對我來説，寮屋區卻是構建我的家庭、童年記憶的重要因素，也是草根家庭的集體回憶。

童年，在我的記憶中是歡樂的。環繞寮屋區是渾然天成的自然景觀——依山的樹林、清澈的小河、雨後一地的泥濘，皆是我的遊樂園。我呼朋喚友，與寮屋區的小伙伴們在山邊追逐打鬧；或到河邊游水，仰卧在冰涼的溪水中；在波光粼粼的河邊捕捉游過的小魚，用石頭，或重組樹叉當工具；赤腳爬上大樹，先把腳掌放在樹幹作預備動作，奮力一躍上去後，繼續攀爬到更高的地方摘果實；飢餓的時候挖芋頭或滿山遍野的番薯。歸家時我們必定渾身黄泥，又免不了被母親責罵。

誰也不會知道，山林裏的林林總總，成爲日後塑造我脾性、成長，乃至站立在每一個交叉路口，影響我選項的一個契機。

小時候最喜歡的飲品
就是綠寶。

時光裏的小確幸

只有簡單，才能快樂

我的父親是一名貨車司機，母親則待在家中兼職縫紉的工作。父親是相當傳統的男性，秉持着保守的倫理觀：勤奮努力，對家庭富有使命及責任感，致力於爲家庭付出。爲了家計，他們夜以繼日地勞動，皮膚因而格外粗糙，手掌也佈滿了厚厚的硬繭。

生活艱辛，但我不曾聽聞他們口出任何惡言。

寮屋區與我的父母，是我進行任何價值判斷的隱性影子。在我無意識之際，他們早已印刻成爲我學習的模樣。這也造就了現今「工作狂」的我，我對勤奮、勤儉的堅持，使我能長時間地沉浸在工作裏，卻不感到辛苦。

因爲曾經的簡樸生活，讓自己對生活的體驗與感受更加真實。成長的過程讓我學習到許多。個人的快樂很簡單，根本無需太多的物質去點綴，快樂很容易就能化學般地產生，點亮生活。就像小時候的自己，經常接觸大自然，喜歡藍天、白雲、綠意蓬勃的大地，喜歡户外活動，快樂就會因能夠體會這些恩典而產生。

這部就是我最喜愛的三輪車。
看看我的笑容就知道我有多開心！

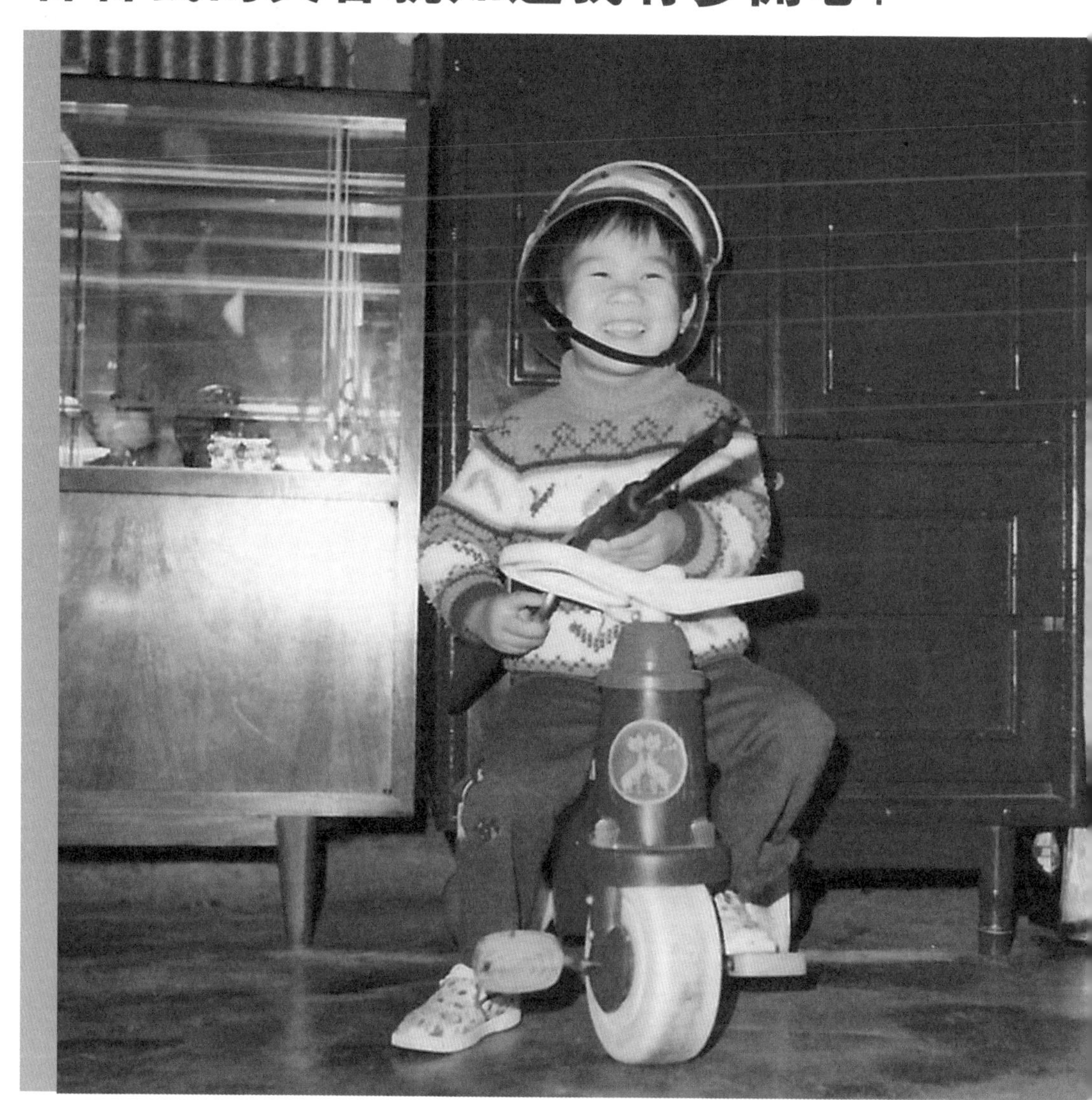

在家中和
我最尊敬的
爸爸合照。

化身父母的「得力助手」

記憶中，兼職縫紉的母親經常會攜帶布料及衣服回家進行裁縫及剪裁的工作。而我則充當小幫手，爲母親熨衣、剪線。母親握着滾熱的熨衣機，先在布料上灑下一些水，將衣服上的皺褶熨平。

而我在她身旁搖着腳，手裏拿透出紅銹的鐵剪剪線，肆無忌憚地說話，說天氣說學校說晚飯……偶爾鄰家的孩子噔噔噔在走道上尖叫奔跑，經過時探頭湊熱鬧，觀望我們的動静。聲音忽近，又突然遠去了。

終於在我10歲的時候，我已有所成長，相較起剪線和熨衣，我能稍微分擔更複雜也更繁重的工作。於是我開始隨父親一同上班。貨車司機的工時冗長，除了須要專注開車，也得兼任搬運工，將國外進口的鐵線圈從港口搬移到貨車，是一項勞神費力的工作。父親的貨車對當時身軀細小的我來説，如同龐然怪物。我待在父親的駕駛座旁，他則開着空蕩的車子地抵達碼頭，在腥鹹的海水味中，我們把一捆捆的鐵線圈翻滾上貨車。從一望無際的海到火車鐵軌，隨着窗外風景的變化，我們再把這些貨物載送到交接站，由火車運輸到中國。

在父親的指示下，體格還不如成年人的我也漸漸勝任這一份差事——把鐵線圈一個又一個地翻滾上貨車倉。每當完成一份任務，我的心裏便增加小小的成就感。

剛接觸父親的工作環境，新手的我難免笨拙，四肢和身體被鐵線劃傷的痕迹不斷，細小的血痕遍布身軀，結疤了又浮現新的傷口。而這些傷痕在父親的身上卻是更爲常見的，從星星點點的小血疤到一紋一紋的傷痕，像殘暴的筆尖記載下他的工作情景。

然而我的父親並未心疼我而阻止我幫忙，反而鼓勵我親身實踐這些工作，體會勞動階層的辛勞；理解他們收入的一分一毫，都是耗盡心力所獲。我也從不抗拒參與父親的工作，尤其暑假期間，更勤於陪伴父親開貨車，爲

弟弟剛剛出世，一家四口的全家福。

他搬運鐵線圈。平日的時間我都必須到學校上課，因此暑假也成爲我們父子相處，成爲「最佳拍檔」的珍貴時光。

父親從來沒有怨言，自我消化所有日常的勞苦。這一點是我打從心裏感到非常欽佩的。而尾隨父親開貨車，也成爲了我10歲以後重要的回憶片段。

但貧瘠並非對我全然沒有影響。樸實的生活往往以個人漫長的生命析出、提煉真理。然而相較起中產階級的孩子，我所能獲取的資源匱乏，限制了視野的格局，和生活多面向的可能性。我對未來難以有任何想象。即使上了大學，選修營養系，但面對前方的路途，仍是迷霧重重。

我毫無前進的目標。

理想&現實之間

異國深造那段時期

大學時期，我選擇前往美國夏威夷修營養系。爲什麼是營養學呢？童年與自然爲伍，養成我活潑的性格，使我始終熱愛户外活動。正因爲喜歡運動，我對飲食與健康的相互作用也相當感興趣，於是我選擇鑽研營養學知識。

作爲勞動階層家庭出生、成長的孩子，能到美國夏威夷念書絶非易事。我雖然憑獎學金順利入學，但由於獎學金是按照學期分發制進行，我的學業成績必須維持學期考積分點(Grade Point-GP)的標準，才能順利獲取一學期的獎學金。這也意味着一旦我失去獎學金資格，我將會面臨無法繳付學費的困境。有了獎學金以後，每學期僅需繳付約800美金的學費便能繼續上學，若失去了獎學金資格，則必須支付每學期4000美金的學費，足足是5倍之多！

不僅是獎學金，我也一面兼職，一面完成我的大學學程。每日行程同出一轍：下午我到商場的小攤位當銷售員，6時趕到卡拉OK兼差打雜，直到凌晨2至3時才換下制服結束工作。好不容易返家休息，隔日又得晨起上課。時間表毫無空隙，排滿了課程與工作。

說來荒誕，儘管在資本主義運作的香港成長，然而寮屋區成長的我，有着極簡的物欲生活，幾乎沒有額外的物欲需求。飢餓則食，口渴則飲，基本生理需求被滿足即可。來到了夏威夷後，我像西西弗斯反覆地推動巨石，經濟與學業的雙重壓迫，迫使我面對自己生活的拮据。身處在不同的社會結構以後，意識自己的真實境況。

初入學的我並沒有對未來進行更多的職業規劃，只是很單純地選擇了營養學系，並深信循規蹈矩地按照營養學的路徑繼續前進，未來自然會成爲一名營養師。

然而事與願違。

大二的時候，我到夏威夷一家醫院實習將近一個學期。在這期間，我不僅理解了醫院的業務與運作模式，同時也和不同的病者相處。尤其和重症患者的頻密接觸，使我長時間籠罩在嚴肅和沉鬱的氛圍中——灰白冰冷的格局，始終抑鬱的情緒——這一切都與我原先的期待大相徑庭，也和我開朗的個性截然不同。

當時我便知曉自己不會留在醫院工作。

大學畢業後，受到健身友人的影響，加上自己也喜歡運動，因此選擇投身到健身教練的行列。的確，當初入行的初衷很簡單，因爲喜歡而選擇，因爲選擇而繼續做下去，而我也堅信這一份愛好可以成爲一份令我享受的職業。

父母專程來到夏威夷祝賀我大學畢業。
右方是我的弟弟Anson。
心情非常激動，因為是人生新一頁的開始。

每逢星期六又回來這個跳蚤市場，因為很喜歡市場中所銷售的夏威夷最特色用品。
前面的小孩是我的表弟Alex，表妹Alizia。

前路不明，霧裏看花

那是1996年，我24歲。

1996年至1998年期間，在夏威夷這座陽光、悠閒的小島，我開始擔任起健身教練來。然而夏威夷閒散的步伐，容易使人陷入島嶼的慢節奏之中，失去積極和進取的欲望。陽光璀璨的午後，我在海灘漫步，椰樹隨熱風飄動，海水閃爍金光退到地平線的遠方；夜裏望向漆黑的海，我的耳際徘徊着沙沙的潮汐聲，一波接一波……

時光彷彿凝固，而我像一艘停帆的船滯留此地。

被公認爲度假勝地的夏威夷，以旅遊業爲主要經濟命脈，當地活躍的行業都與旅遊服務、酒店業相關，其他領域幾乎沒有發展的空間。眼見健身事

在美國生活當然
愛上運動，所以經常
不穿上衣在家裏跑來跑去。

業在夏威夷的前景有限，加上親人都在香港，在1998這一年，我毅然決定返港發展自己的健身理想。

從夏威夷兜轉，再度回到香港，我也已經不再是寮屋區的自己了。

香港。這個地域面積小卻繁忙的港口都市，步伐快捷緊湊，和夏威夷慵懶的風情形成强烈的反差。憑藉一股衝勁，我迅速地投身到健身事業。

剛回歸的香港，其健身事業並不盛行，相關領域的專才也非常罕見。一般群眾對健身的認知，都僅止在瘦身的功能。當民眾試圖通過健身減肥時，會到健身房諮詢健身教練的意見。這就是我的工作：指導減肥人士如何瘦身、運動的正確姿勢，安排一系列的減肥計劃及健身教程，給予顧客每星期的瘦身目標、飲食計劃等等。

接觸了香港的健身事業後，我開始發現這行業在兩國之間的差異。在美國，健身教練的身分等同於專業分子，普遍受到顧客的尊重；但是在香港，「健身」並不被視作一項專業知識領域，因此健身教練的地位並不高。

香港健身的趨勢尚未形成，因此健身房的客源量寥寥可數。健身房日均業績，以2至3名顧客爲底限，每名顧客的諮詢和訓練時間爲1小時。健身教練的收費則以小時作計算單位。這種狀況導致健身教練的收入非常不穩定，一旦顧客未能按時出席，就會流失當天的收入。在旅遊旺季，亦即是顧客源最少的時刻，健身教練甚至會面對零薪資的困境。在被動的情況下，我無法掌控月均的客源與收益，也無法預估未來可能會發生的變數。我內心的不安全感逐漸膨脹，成爲我最大的困擾。

我開始遭遇瓶頸。

健身教練的事業，於我已不再是興趣，也無法激發起我的熱情。客觀的現實環境，令我熱情減退。原先對這行業的各種憧憬，也在這段時間內被現實擊垮。

而更令我吃驚的是，香港的健身房，與健康理念無關，全都以營收的數字一概而論。

除了參與顧客的健身計劃以外，我也參與管理健身房和健身俱樂部的工作。我經常與健身房的管理層如區域總監或區域執行長等人商談會面。他們重視健身房的業務成長，專注在如何提高健身房的營業額，卻對如何打造有利於會員健康的計劃毫無興趣，他們在乎的，都是自身利益。

對於管理層來說，關注業績絕非不合理，但在沒有願景和使命感的情況下盲目地追求令人滿意的數據和營業額，讓我對自己在這一領域的定位產生强烈的質疑。漸漸地我無法感受到自己在這一門事業中的價值，我能發揮作用與影響的機會，實在太渺茫了！

和弟弟在沙田
彭福公園合照。

我依然日復一日地做着同樣的事情。

進行指導。

飲食調控。

矯正姿勢。

設計瘦身計劃。

陷入沒有安全感的困局。

如此沒有終結的循環維持了十餘年，我感到彷徨。

我難以忍受自己內心的失落感。這不是我理想的工作。我曾經享受健身職業帶給我的樂趣，但面對這般困境，我掙扎了好久，不斷撫心自問：究竟我該如何是好？

40歲的這一年，我從全職健身教練改爲兼職。我以爲這項轉變能爲自己的生活帶來改變，殊不知非但沒能解決先前的糾結與迷惘，甚至因不穩定的收入而倍感壓力。

面對這個世界，我依然無法找到一個自己存在於這世界上的證明。

小時候很少一家人外出，
因為爸爸為生活非常忙碌，
經常要工作。
所以我特別珍惜
一家人在一起的時間。

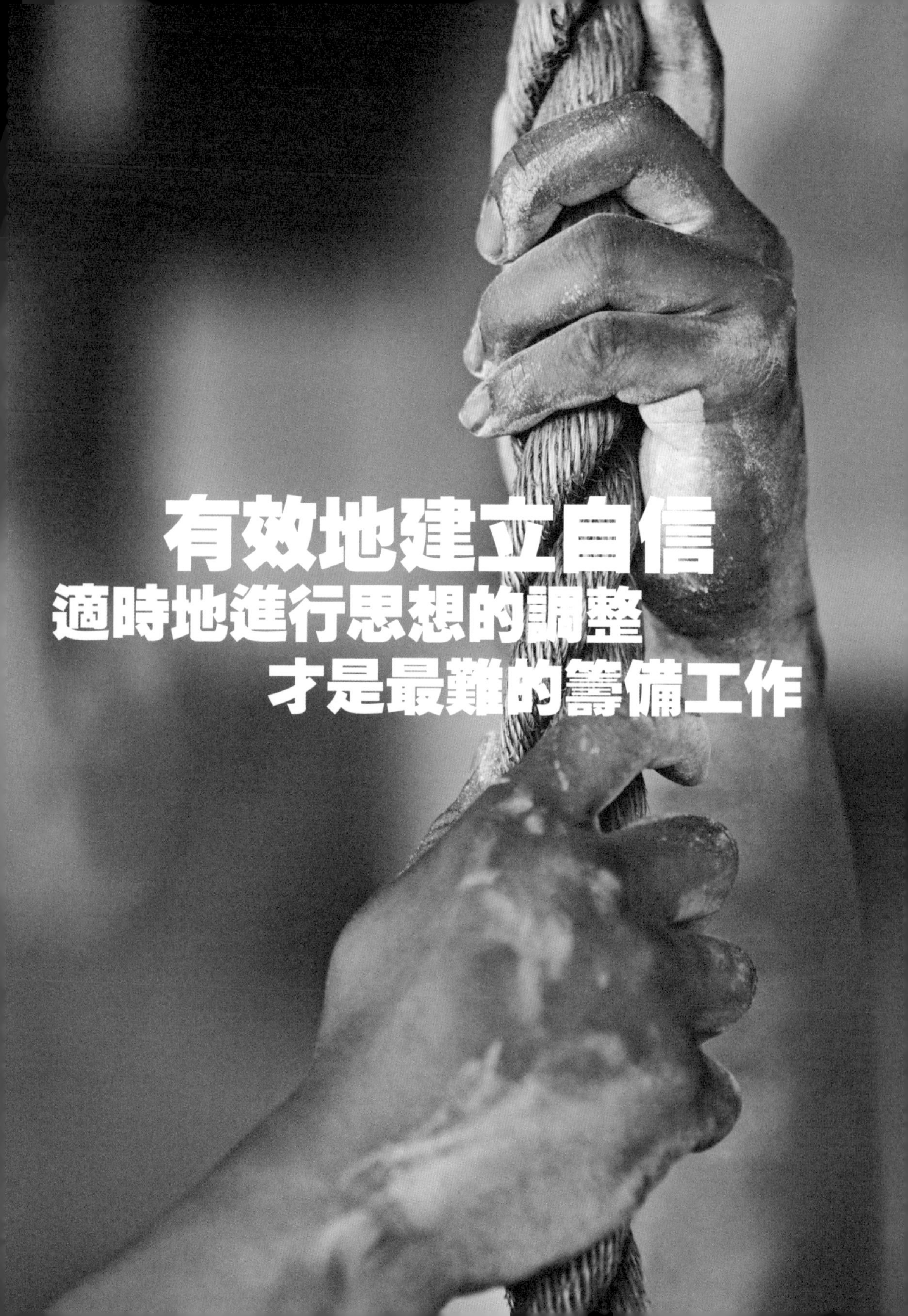

有效地建立自信

適時地進行思想的調整

才是最難的籌備工作

02
逆轉草根人生

挑戰
世界紀錄

一個大膽的想法

在當健身教練的十餘年裏，我絞盡腦汁讓自己在這個領域脱穎而出，試圖掙脱現有的困境，尋求新的機會。

在這段漫長的瓶頸期，我透過各種方式，花了不少心力推動自己的事業，包括參與電台訪問，爲紙媒如雜誌或報章的專欄投稿，甚至接受各活動單位的邀約，目的是爲了跳脱現有的健身事業框架。我甚至投身作者領域，成爲香港首位出版書籍的健身教練，冀望能藉出版增加自己的曝光率與知名度，強化群眾對自己作爲健身領域精英的形象，藉此讓自己的事業提升到新的高度。我的第一本書於2001年出版，名爲《瘦身減肥正典》。爲了得到更多讀者的回響，我又陸續出版了5本著作。

但是，上述的種種努力，並未使我脱離事業的低潮。我依然迷惘，沒有任何指示牌指引我方向，只能獨自莽莽衝撞。如同Robert Frost“The Road Not Taken”所寫的：

Two roads diverged in a yellow wood
And sorry I could not travel both
And be one traveler,long I stood.

我是一個迷惘的旅人。

我試圖變換健身領域的模式，不再被動地停留在健身房等待客源，横跨多項領域，甚至雙管齊下，以廣播及報紙自我行銷。然而努力的最終，我又再次回到那狹窄的健身房和瑜伽中心，面對一排排陳列的運動器材和碩大的室内鏡，繼續任職健身房經理。

我明明已經付出了心力，爲什麼還是不行?

我不甘心。

2012年，我結識了名爲Tommy的好友。他是一名協調員，主要爲總統級人物在世界各地安排演講。由於職業需求，Tommy的視野相當廣闊，相較起一般常人，他思考的格局更遼遠，也更周全，幾乎都是一鳴驚人的。

Tommy成爲我重要的傾訴對象。當内心的鬱悶無處宣洩時，我經常會找他傾吐，紓解壓力。我把自己停滯的現況以及對未來的迷惘告訴對方，尋求他的想法。不久後，我接到他的來電，建議我去嘗試挑戰在自己生命中最大突破的活動——打破健力士世界紀錄(Guinness World Records)。

“Are you crazy?”我忍不住反問他，這個想法太瘋狂了。

我當然有自知之明。現在的我只是一名平凡且生活挫敗的中年男士，面目模糊、難以具名，無人知曉的小人物。健力士紀錄這般世界舞臺，更不是我這無名人物所能輕易征服的。這根本和現實中的我毫不相關。我對他的建議不置可否，這實在太荒謬了！

話說回來，雖然我嘴巴認定這是不可能的任務，但掛斷電話以後，Tommy的話語像一道從遠方傳來的古老咒語，不斷動搖我的心神，在我腦海中反覆迂迴，刺激我思考的神經線，迫使我去正視他的話語。

我不停地反問自己：「要是我依然墨守成規，一樣地做着我之前所做的事情，會有怎樣的結果？」

從掛上電話到正式作出抉擇，我只花了大約30分鐘，就決定接受Tommy的建議，勇敢地往挑戰健力士世界紀錄出發。2012年，我正式開啓我人生中不可思議的旅程，卯足全力完成這項不可能的任務。

後天努力能勝天賦

「世界紀錄」四個字對我來說是極爲陌生的詞匯，我無法預測它的結果，也難以保證最終的成果是否盡如人意。但是，再多的顧慮都無法阻撓我前進的步伐，無論如何都要拼盡全力去做好這一件事。

這一次，Tommy的建議順水推舟地把我引導到另一個全新的方向，一條瘋狂且大膽的道路。

我當時想，既然自己投身於健身教練的事業已有好長一段時間，尋尋覓覓地做了許多以爲可以幫助事業、再創高峰的事，卻始終沒有任何眉目。這次的選擇可以說是我個人的一個創舉，也是我自我突破的最佳時機。

下定決心挑戰世界紀錄後，我不斷告訴自己，一定要把這件事情做到最好!

我不願以自卑的心態去迎接這一系列的挑戰:

「不知道自己行不行?」

「我能不能勝任這項任務?」

這種自我存疑，是我不樂意接納的。我因而爲自己做了無數的心理暗示:「我一定可以」、「我能做到最好」。我憑着自己堅韌無比、勢必做到極致的心態去挑戰，我至今已成功打破了3項世界紀錄:

打破世界紀錄次數	日期	項目
第1次	18.2.2013	創下連續12小時在30度以内打高爾夫球至100碼以外次數最多之紀錄
第2次	7-8.6.2014	打破連續24小時騎自行車產生最多電量之紀錄
第3次	5.4.2015	創下12小時内籃球投籃入球次數最多之紀錄

人生有無限可能

在選擇世界紀錄的挑戰項目時，我參考了部分的世界紀錄項目，進行詳細的研究，最終我掌握了3個要訣：

01 選擇自己不擅長的項目。
02 選擇困難的項目。
03 選擇你能控制的環境來進行挑戰壯舉。

只要是有挑戰性的，不容易辦到的我都願意去竭盡所能，創造新成績！不容易做到的，我們都會去做，把不可能變成可能！

瀏覽過健力士世界紀錄的網站，所有破紀錄項目的成績，都必須達到一定的標準。但我認爲，達成健力士世界紀錄的要訣都取決於自己。由自己掌控環境，即能達到健力士成績的理想效果。於是我腦海裏閃過一個念頭：不如我就嘗試打高爾夫球吧！

高爾夫球項目並不是我的强項，充其量只懂得揮桿，但揮桿的姿勢、角度、距離的拿捏，如何達到健力士標準，我都一竅不通。宛如一張白紙的我相當無措，不知從何下手。

我唯一能想到的是，我急需一個團隊的支持與練習地點。但是那時候，打破世界紀錄也只是我個人的想法，我甚至沒有正規的團隊可以支撐我。

挑戰初期，我首先得到香港白石俱樂部老闆的贊助，他爲我提供練習場地，讓我能安心地爲打破健力士世界紀錄做準備。我四處尋找願意信任我的伙伴，説服他們加入我的團隊。

最後，儘管規模很小，我還是順利組織了一支專屬自己的隊伍。我總是對他們説：「我們走在他人跟前，成爲先鋒，並且不斷重複地打破世界紀錄，每一次的紀錄都能刷新成績，就能讓世人相信人生充滿無限的可能，什麼事情都有可能發生！」

我們從零開始，一同尋找贊助商、練習場地、健力士世界紀錄的聯繫方式等等。從我對健力士世界紀錄的無知，到正式進行籌備工作，我在此過程裏慢慢地觀察、學習，將這些經歷内化成我生命的智慧，以此幫助其他需要協助的人。

選擇了挑戰項目，完成了隊伍的組織工作與訓練場地，我主動建構起自己能掌控的訓練環境，順利完成自己爲健力士世界紀錄所設定的3個挑戰要訣。但還有一項最首要的前置作業，是進行强大的心理建設：如何克服外人對我的質疑？他人的流言蜚語是否會投射回到我的意識，加深我對自己的否定？如何才能保持自己的信念，堅定不移地往前走？

對我而言，有效地建立自信，適時地進行調整思維，才是最難的籌備工作。

我的顧慮不多，心思也相對單純。我一心想着：健力士世界紀錄曾有數量如此龐大的參與者，他們同樣須要克服許多困難才能完成挑戰。既然他們能打破紀錄，我又何嘗不行呢？

這支就是在2013年2月18日
陪伴我打破第一個世界紀錄
「連續十二小時打最多高爾夫球」的球桿。
你可以看到，揮桿超過一萬球後的球桿
變成怎樣的模樣。

成功男人背後的支柱

當我決定了第一個世界紀錄挑戰的項目後，我向朋友、同事與家人坦誠說出自己的選擇。他們首先發出了反對的聲音。我的家人尤其對我的決定相當不解。他們認爲這項挑戰毫無意義，也沒有思考我參與的動機，僅僅認定這項挑戰吃力不討好，也不會帶來任何成就，始終難以苟同。

而朋友的回應，也不外乎這幾句話：

「你做不到的。」

「別傻了。」

我必須坦白，他們對我的否定，的確讓我很傷心。

但我並沒有爲自己進行辯解。對他們來說，言語蒼白而無力，唯有實際的成效才足以使人信服。我因此閉上嘴巴，堅守自己不解釋的立場，以行動來取代。

2014年6月7–8日，成功打破
「連續二十四小時踏單車發電」
的健力士世界紀錄。
要多謝我的女朋友Cindy Lam，
在整個艱巨的路途中所付出的
努力及陪伴在我左右。
沒有她，我沒有可能打破
任何世界紀錄。

我兩個女兒(左 Charlotte / 右 Chanelle) 在我第一次挑戰世界紀錄時到現場為我打氣。她們是我很大的推動力。

我覺得是自己的不服輸！儘管遭遇到無數人的反對，我依然一意孤行地執行自己的計劃。別人越是阻止，我越要反其道而行，用以證明自己的實力，並且全心投入到自己的理想中，絕不輕言放棄。這是負面價值嗎？我認爲並不。

我將此視爲是運動員精神的表現方式。在練習過程中，運動員必須負荷勞累的體能鍛煉，挑戰自己體能的極限。運動員往往會面臨職業傷害，韌帶斷裂、拉傷、骨折、挫傷幾乎是每一位運動員必有的症狀。而我們對運動員相當熟悉的畫面是：即使身上負傷，他們依然强忍住痛楚，毅然參與賽事。這種畫面也是我推崇的運動員鬥志——堅持不懈，勇往直前，認真地看待每一場競賽，立志當一位最頂尖的運動員。這也是我面對生活的原則。

成功打破第一個健力士世界紀錄後，
爸爸感到非常高興。對我來說，
作為兒子，令父母驕傲非常重要。

逆轉
勝的人生

一次生，兩次熟，有了一次的成功，往後破紀錄之路也就駕輕就熟了。而先前輕蔑我的目光，也隨着我第一次挑戰的成功產生變化，所有遭遇的奚落、反對也銷聲匿跡。取而代之的，是大家給我的鼓勵：

「我就知道你一定得！」

雖然他們在我進行挑戰以前，都否定我成功的可能性。但在挑戰成功以後，他們卻也真誠地爲我鼓掌，爲我加油打氣。

在第一次、第二次和第三次打破世界紀錄後，我領悟到人生有無限的可能，甚至在這幾次的經歷中，學會如何達到理想的人生。這三次世界紀錄，讓我明白人生、夢想、奮鬥及永不放棄的真意，過去抽象的概念也有了具體的雛型。

2013年2月18日，
成功打破第一個世界紀錄
「連續十二小時打高爾夫球」，
從裁判官手上接到證書時非常興奮。

我也開始信任自己，選擇以真實的我注視這個世界。和Robert Frost詩中的結局一樣，我堅持所選是正確的：

I shall be telling this with a sigh
Somewhere ages and ages hence:
Two roads diverged in a wood, and I—
I took the one less traveled by,
And that has made all the difference.

我把在世界紀錄中領略到的道理，以及我所認知到的世界觀加入我的講座課程裏，作爲一個基礎模型來爲學員講解世界上無限的可能。我把挑戰世界紀錄中的領悟，整理並及設計成一個系統，引用到生活及事業中，讓有需要的人士相信世間的無限可能，突破自我。

以商業管理爲例：商業管理和打破世界紀錄的過程其實沒有太大的差異。從大方向來説，它們同樣需要先設定目標、執行計劃，大致上都是相似的實踐方式。

如今在講座上，我不再和學員談打破世界紀錄，反而將這些步驟、架構置入到商業管理當中，讓大家了解萬變不離其中的道理，我們的生活大多離不開這樣的形式，以此協助他們在各個領域中突破自我。

習慣於舒適圈的人，難以明白自我挑戰的意義。突破自我不只是强迫自己挖掘隱藏的潛力，挑戰的過程中也會帶來人生的衝擊和不同的啓發。

我之所以選擇走向這一條路，是因爲我渴望幫助與自己有相似遭遇的人，尤其是出生自貧窮階層、低學歷的人士，我想通過我的故事來啓發大家一起奮發，養成他們積極向上的價值觀。

成功打破世界紀錄後，
終於可以鬆一口氣，娛樂一下。

我自身即是所有故事中最真實的案例。唯有以自己作爲範例，大家才會相信生活有無限可能，無論身處任何逆境，只要把握正確的策略，便可以突破現況。因此我不間斷地提醒自己，必須要持續挑戰紀錄，同時把學習的步驟與要訣引用到我的事業，以證明自己所言之方式確實可突破停滯不前的困境。

這是我挑戰世界紀錄的過程裏所分析的策略，而這套方法運用在我的事業上也同樣奏效。

舉行講座課程的時候，我接觸百萬名學員，包括商人、銷售人士，遍及各個階層。我的官網時常接收到不同學員的致謝信息，因爲他們從我的講座中獲得很多正能量和啓發。

有一回，我收到一位單親媽媽的訊息，她對我表達自己的感激之情。她的丈夫剛離世，日子過得非常艱苦。她在網上閱讀了與我相關的文章及資料，觀閱了我的視頻以後，她重拾了面對生活的勇氣。

無論發生的效用多麼微小，只要能對生活惶然的社群產生些微幫助，我便完成了自己的任務。

啓發他人，影響他們走向夢想之路，是我最好的願景與動力了。

在突破世界紀錄的過程中必須十分專注，因為成功與否，只有一次機會。

影響她們走向
夢想之路
是我最好的願景與動力

03
走出困局 步向理想人生

冷靜思考，從容面對

不輕言放棄，是我人生的座右銘。

歲月匆匆，但挑戰健力士世界紀錄的日子恍如昨日，未曾消散在我腦海中。回顧這一段時光，儘管艱難，但我從未浮現退出的念頭，一心只想着完成任務。

回顧自己突破重圍的關鍵，我意識到自己在面對所有難關時，未曾逃避或放棄，這就是我挑戰成功的理由。

當然，我偶爾會因訓練進度落後而倍感失落。首次參與世界紀錄的挑戰，我幾乎是第一次面對所有的籌備工作：了解清楚健力士賽事的審核基準、高度集中的高爾夫球技術訓練、洽談和尋找合作團隊……當我的練習進度未達到預想的成果，或技巧不到位時，我難免會感到失落。

這時我們應當如何面對這種失落感？首先，絕對不能鑽牛角尖，將自己逼到死胡同裏，在原地來回踏步，而是思考自己無法達成目標的理由，針對問題尋求解決方法。

按照我的慣例，我會根據自己所面對的難題，找合適的對象進行討論，一同探討方針、從談話中徵求意見，或尋找解決問題的對策。對話的形式既能協助自己釐清主觀的想法，又能從旁觀者尋得相對客觀的見解，取長補短，兩全其美。

更重要的是，當我們感到沮喪時，切勿被情緒吞噬，只要理性客觀地分析問題，自然就會得到適當的解決方法，順利邁向下一道關卡。

人生充滿未知數，在面對困難和挑戰的時候，一定要選擇「相信」；要相信所遇到的挫折都是經驗的累積、生活的磨練，只要花一點時間去正視、思考，就會有所突破。

每一天都是值得學習的一天，當我們發現自己在任何領域停滯不前，遇到瓶頸時，要讓自己知道這些都是正常的現象。有誰的人生可以一直都一帆風順、無風無浪？當我們遇到困難，有耐心地利用一點時間來思考、想辦法，自然就能順利跨過去。

從三次挑戰世界紀錄的經驗裏，我甚至歸納出達成目標的一套方式，將其運用到創業及經商的領域。

當然，我依然會面對公司經營上的難題，偶爾的停滯不前，但只要我冷靜、客觀地研究和分析，困難就能迎刃而解。

猝不及防的插曲

回到第一次健力士世界紀錄的挑戰。當時發生了一段相當戲劇化的小插曲，我正是依循以上的人生哲學，才化險爲夷，將眼前的逆境扭轉成一條平坦的道路。向健力士世界紀錄提出挑戰申請後，我隨即接收到官方的電郵，內容詳述挑戰的規則與細節——挑戰者須在限定的12小時內將高爾夫球打入100碼以外的目標區域內，以累積的合格總次數爲統計。

挑戰的前2天，健力士世界紀錄的官方人員前來進行場地檢查，未料卻發現我們的場地設置有誤，與官方定下的標準有差距。

我們的團隊作出了回應：我們是根據提出挑戰申請時所收到的官方電郵基準來籌備。聽了我們的回應後，雙方瞬間陷入一陣混亂之中，相關的工作人員趕緊撥電至英國倫敦總部了解詳情，隨後告知我們收到的標準和官方不同，必須及時修改。

根據我們所獲知的最新消息，發球之後，高爾夫球必須落在100碼外的30度的角度內，才符合標準。

於是，我便利用僅剩的2天時間重新調整角度，進行訓練。

我必須要按照先前練習的方式，然後再把球打得非常直，才能通過。當我向教練解釋後，他也給予相同的看法：

“ You just have to hit it freaking straight. ”

我不能有所失誤，否則一切將前功盡廢。

經過十二小時
高球揮桿後，
心情很興奮，
但已經疲倦
到站不起來。

但是，我沒有因此慌張或亂了陣腳，即使面對困局，依然選擇相信創造命運的可能。挑戰的前一晚，我反覆地告訴自己：相信教練，相信你自己。

我已經爲這項挑戰演練了無數遍，這一回，我也不過是再現這段時間反覆練習的揮桿動作。我異常平靜地面對了這項挑戰，迎向健力士世界紀錄的舞臺。

2013年2月18日，深夜12時，我開始進行長達12小時的挑戰。在明亮的照明燈下，我一次又一次地揮動球桿，渾身是汗，靠着意志力撐下去。

挑戰結束後，已是中午時分，我鬆了一口氣，原本緊繃的肌肉也終於放鬆下來——我名副其實地從黑夜打高爾夫球至白晝。

籌備挑戰時，我耗費許多時間準備、練習，只爲了讓自己時刻保持在最佳狀態。

當時我每週平均訓練35小時之久，因此我也對自己的狀態感到信心滿滿，從來沒有懷疑過自己。也爲自己的訓練進行了一項統計：我一共練習了30萬次的揮桿動作。

最終成績出爐：我成功打出了9959顆高爾夫球，比原定目標8000球還超出了1959球之多。

我，成功創下了健力士世界紀錄。

恐懼並沒有錯

第一次挑戰世界紀錄成功後，我和團隊繼續勇往直前，進行第二次、第三次的挑戰。

有了前車之鑒，我對往後的挑戰更從容，甚至多了莫名的期待與興奮感。這種心情就像一名登山者，永遠以更嚴峻的高山爲下一個目標，在攀爬的過程裏，每跨越一顆岩石，踩上更高的泥土，就像逐項逐項地完成壯舉。這是很振奮人心的。

第一次挑戰的成功不是必然，而是努力、堅持與信念所併湊出來的。

經過三次挑戰後，我對新挑戰已沒有壓力感。老實説，我並不樂意爲了達成目標，而對自己施加壓力；我清楚知道，壓力越大，則越容易出錯，還會因爲擔心失誤而產生更多恐懼感。

我相信，以從容、坦然的心態面對困難，反而能把事情做得更好。

以我作爲激勵講師的身分爲例，初時，我到世界各地爲大眾演講，在一個碩大的舞臺上，只有我一人成爲焦點，臺下的觀眾注視着我，安靜地等待我的發言。面對所有聚焦的視線，我難免有些不自然，難以克制心中的緊張。隨着經驗的累積，我站立在舞臺中央的時間越來越長，我逐漸適應眾人的目光，能從容不迫地完成一次次的演講，在短時間裏我可以迅速組織，表達變得流暢，演講的動作也不斷改進調整，最終成爲一個成功的激勵講師。我的每一次講座，都比先前推進一步，爲聽眾帶來更悸動的內容。

不僅如此，每當我做出挑戰世界紀錄的決定後，都會面對數量龐大的媒體採訪。記者們以我爲中心，拋出一道又一道的問題，以無數的鏡頭或麥克風指向我，期待我作出回應。我需要極速回答，妥當思考，全面兼顧。對一般人來說，這可能會形成無形的壓力，甚至會使抗壓力低者產生心理創傷。

在這個過程中，我理解到，只要準備妥當，練習充分，自己絕對可以排除萬難達成目標。須要警惕的是，我們切勿在挑戰的過程中自欺欺人，或採用阿Q的精神勝利法，進行自我欺瞞，因爲一切將會反噬回我們自身，呈現爲不如意的成果。只要費盡時間與精力進行練習、準備，不會有無法達成的事情。

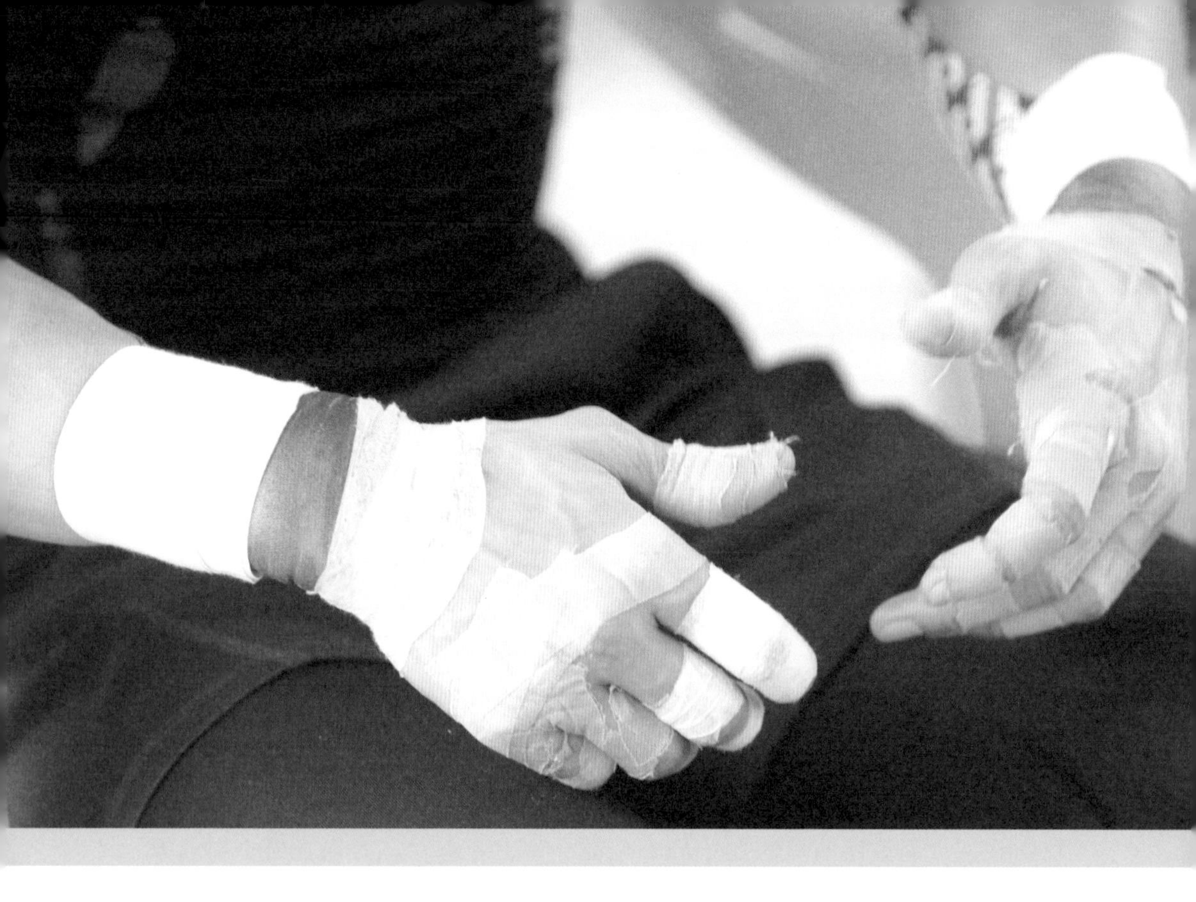

雖然經過嚴謹的包紮，
但雙手依然傷痕纍纍。
要成功就必須付出血汗。

「做不到」是前進動力

當我後續挑戰成功後，初期的質疑、嘲笑立即轉向爲鼓勵的話語：

「我知道你可以的！」

「你一定能辦到！」

從初次挑戰到二次、三次的世界紀錄，雖然受到不少差天共地的待遇，但我選擇不與旁人計較。對於你的遠大前程，他們總認爲你好高騖遠，受制於自卑心態，他們把「不可能」掛在嘴邊。因此，不要因爲嘲笑的眼光而動搖向目標前進的決心。

我們須要有所覺悟，越是遠大的理想，越不尋常，越不可思議，讓人越發覺得可笑。因此，別畏懼任何人的恥笑，因「做不到」的言語而左右了自己前進，我們要當自己命運的主宰者！

今日，只要我和團隊準備了嶄新的計劃和挑戰，一旦公告天下後，我們得到的支持與初次打破紀錄前差距甚遠，不再有隔岸觀火的群眾宣稱我們是loser，因爲——

我們就是把不可能變成可能的人！

完成十二小時揮桿，
等待裁判官點算最後結果。
最終成功創造出 9,959 顆球的新世界紀錄。

敢夢敢想，相信生命

相信人生，相信生命的無限。即使冷言冷語不曾間斷，我始終堅信，我的行動可以讓更多人相信世界上無限的可能！

每一次的挑戰，都令我更加相信人生、相信生命中無限大的力量。當一個人誤信世界上的很多不可能，開始自我懷疑，不相信生命的無限，就會變得不敢夢、不敢想。沒有夢想，哪裏會自我肯定，創造命運？

我以身試煉，冀望能成爲所有人的典範。儘管我只是一名平凡不過的中年男子，體力和體格已不若年輕男性，但我勇於跨越與突破，成功達成了看似瘋狂的事情！因此，別爲自己設限，從來不存在任何必然的定律：究竟什麼職業、年齡、外表、種族才能成功？我要讓大家相信，打破大家的刻板印象與限制。

多數人不相信這一點，因爲在他們還未成功做好一件事情前，他們沒有去相信生命無限的可能。因此，只有決定，執行，達成目標以後，你才會真正相信這個世界上是有可能的！

不管結果如何，只要你決定往目標前進，就已經是成功的一半了！

現在的我，在決定每一次挑戰時，都會公開自己的目標，向我的朋友、我的親人，甚至是全世界傳達我的訊息，而非畏懼旁人的目光，隱瞞自己的理想。

如同我一般，大部分的人也同樣會面對他人的嘲諷，宣稱自己能力有限，沒辦法達成。然而實際上，我很感激曾經質疑我的人，讓我在別人眼中的不可能裏找到了人生的無限可能，相信生命。

此事，我自己是最好的例子，也是最好的身教。

首次挑戰世界紀錄時，我兩個雙胞胎女兒僅有4歲。年齡尚小的她們既不理解父親挑戰的用意，也因爲多次見證我打破世界紀錄的事跡，並不認爲有什麼奇特，反而習以爲常。多年以後，當她們回憶起父親的成就，我期盼自己的生命軌迹及挑戰的信念可以成爲她們的借鑒，讓她們對生命也充滿自信，勇往直前地去迎接未來。

至今我的兩個女兒還未有明確的人生理想，但在她們未來的人生規劃裏，只要存在任何理想，不管多麼癲狂，我也會義無反顧地支持她們："Just go ahead, why not?"

我鼓勵她們以行動來證明自己的想法，加强自己的執行能力，千萬不要紙上談兵，這樣會永遠無法達成目標。

有了想法，就應當全力以赴，催促自己「走得更快、走得更遠」。我唯一可以「以身作則」來啓發身邊人正面看待生命的事情，就是設法創造出更高的成績，實行大眾眼中不可能的事情。因爲猶豫不決、優柔寡斷，將會成爲突破自我的絆腳石，永遠都無法跨越下一個里程。

Just do it, no matter what.

在課堂上為學員
解答挑戰人生
及生意上的疑難。

JUST DO IT
NO MATTER WHAT

無論是什麼
去做就對了

04
正向人生與成功

「世上沒有不可能」的自信

正如你們所閱讀到的，我的人生相當平凡：在寮屋區成長，當一名遊於叢林間的小孩；到夏威夷求學，修讀營養系；回到香港，當健身教練；人到中年時，才成爲一名激勵講師；期間人生的起起伏伏不斷湧現，有低谷的時候，亦有高峰的時刻。

是的，毋需懷疑，我和諸位一樣，人生其實非常平凡。

儘管現實與困難重重的打擊壓在我身上，我依然選擇相信自己，努力擺脱困境。

我也相信，身陷困境的你也會有和我一樣的選擇，用盡全力去突破重圍。

我的膽子很大，只要是大家不敢嘗試的事情，我都充滿了行動力與執行力。世界紀錄挑戰即是其中一項例子，有了挑戰的決心後，我費盡心思催促自己完成使命。

童年受到父親潛移默化的影響，我每天的工作時間可以高達20小時，這是因爲我從小就有着和父親刻苦耐勞的工作態度，不怕辛苦。

我必須要强調的是，我從來沒有先天上的優勢，作爲一名貧窮階層的孩子，我能獲取的資源有限；但我具備了許多人缺乏的，也是我唯一的先天優勢，即是：我很勤奮。勤能補拙，只要足夠勤奮，即便身在起跑點的末端，我也有逆轉的可能，戴上勝利者的皇冠！

與其對自己的際遇和出生怨天尤人，我們不妨轉換一個情境進行思考：我們當下所面臨的困境，**不只是一堵高牆，而是人生的挑戰**，我們需要挖掘洞穴，尋找攀爬的工具，鑄造踏足點……而不是受困於圍牆裏饑寒交迫。

而拉長我們的目光，置放到我們漫長的生命中，每一堵圍牆在所有稍縱即逝的瞬間，都顯得微不足道了。

困境雖是人生的必然遭遇，我卻不願被動地等待生命裏困境的蒞臨，被命運所左右；相反地，我自發地、主動地去尋找困境，挑戰自我極限——爭取世界紀錄，而不是被動地等待我健身生涯的結束；一而再、再而三，重複又重複地挑戰，掌握面對困難的主動權。

我的人生，我控制、我做主。

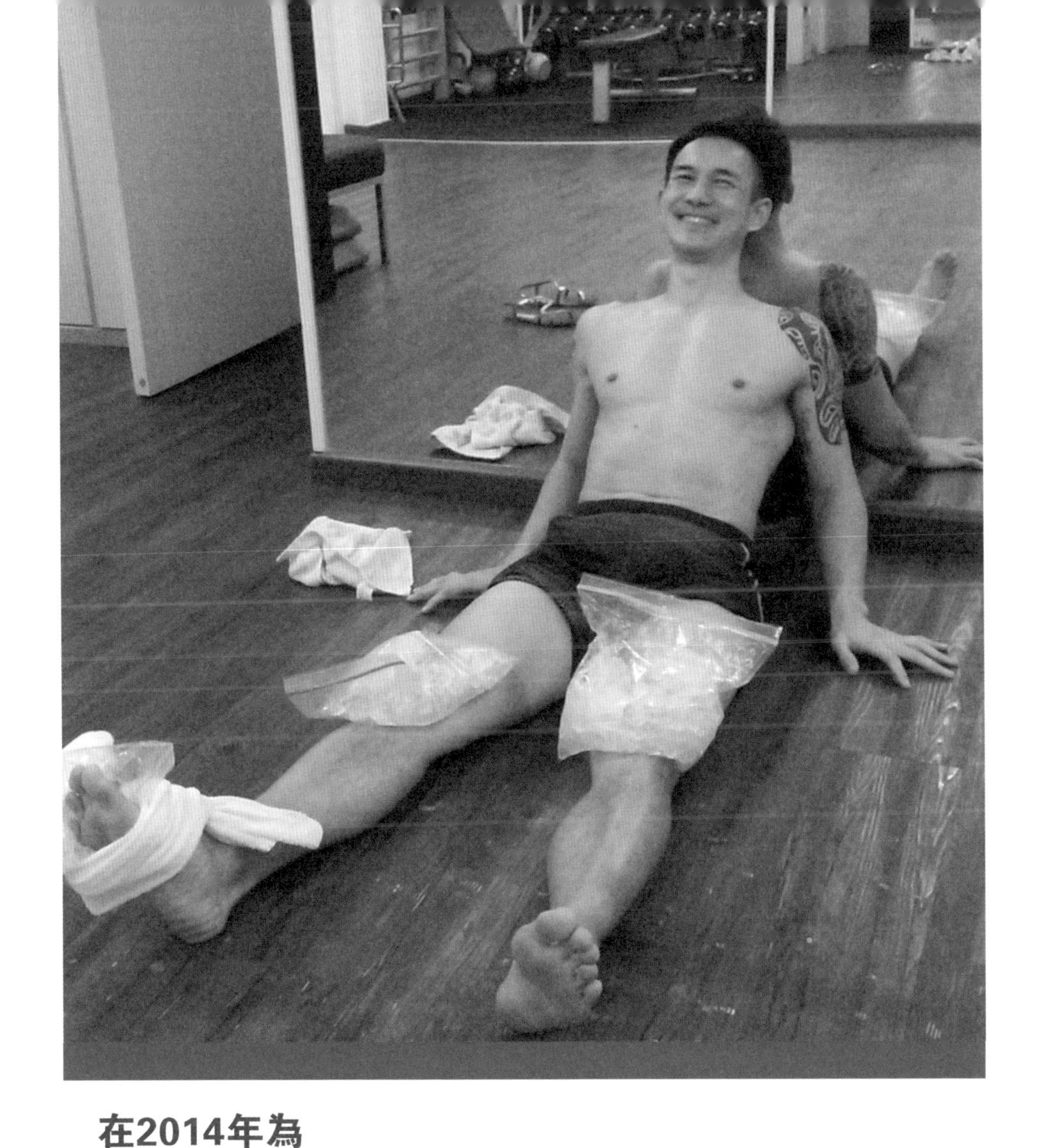

在2014年為
「連續二十四小時踏單車發電」
的世界紀錄進行練習。
在訓練期間，雙膝嚴重發炎，
每次練習完畢也必須要敷上
冰塊以舒緩痛楚。

之所以不斷選擇挑戰自我，也是試圖啓發群眾：在面對這些挑戰，我也同樣有許多人生低潮，甚至處境可能更加惡劣，但是我不放棄。

通過激勵講師的身分，我嘗試分享這些經驗，以言語的感染力，鼓舞大家的士氣，重新具備生命的勇氣。

其次，我們該如何調整自己的心理狀態？除非關乎生死，否則其他門檻都是毋須畏懼。生命無法進行二次複製，亦不能乘着時光機回到原點，因此維持正面的心情，爲社會傳輸正能量，提高社會的正能量，也是渺小的我們能付出的一點貢獻。

再來談自信。自信並不等同於自負。具有行動實踐能力，才能稱之爲自信。讓所有抽象的思考，轉換爲具體的行動，落實在現實中，方爲嚴格意義上的自信。

那麼自負呢？

一個人，若只懂得空談，將偉大的言辭，如信心、理想頻頻掛在嘴邊，卻未訴諸行動，實際上是自大而自負的，是發聲特別響亮的空罐子。

又像膨脹的汽球一樣，絢麗彩色的外皮卻一戳即破，不堪一擊，虛有其表。

當然，不僅是具有行動能力才是一種自信的表現。以我的觀點，一旦一個人決定了目標，下定決心去執行來讓自己走在距離目的越來越近的路上，就是自信的表現了。

決定了，就擲下所有的時間、精力去做，即使無人目睹，沿途沒有觀眾給予喝彩也會奮不顧身去完成，這是絕對的自信。

自信是不需要向人交代的，當一個人全神貫注，在完全沒有任何人關注時去執行，去突破自我，就是最好的自信。通常我們會察覺，不需要被關注但卻依然堅持往目標前進的人，都帶着自律的特質。

他們懂得自我管理與定位，走在理想的路上充滿信心。

試想想，只會紙上談兵的人，哪有行動來表現自信，何來實踐理想的決心？當你能夠對外透露你的目標，只有將它實現，以行爲來支持，才能讓人感受到正確的自信。

以我們經常聽聞的名人爲例子，他們對自己的目標並不會空談，都會一步一腳印地去實現；他們的實際行動與成就成爲了眾人追隨的典範。即便是殘疾人士，他們也不怨不怒地持續努力：

海倫・凱勒(Helen Keller)，雖然是失明與失聰人士，卻是相當重要的教育家。

史蒂芬・霍金(Stephen Hawking)，提出大爆炸理論及宇宙黑洞的漸凍病患者與物理學家。

史鐵生，在輪椅上書寫的知名作家。

他們涉足於物理學、教育與文學領域，成爲自信的見證。

當一個人自律自信時，他渾身都散發耀眼的光芒。

將不可能變成可能

生命有奇跡嗎?

對我來説，生命中有着無限的可能，而不是奇跡。在我的挑戰及經營事業的過程中，我只是放大了這一些萬分之一的可能性來表達出生命的可塑性。任何一個人都有達成的可能性，因此這不是奇跡。

人的潛能是「發掘」出來的，而不是「發明」。上天賜予我們無限的潛能，我們就必須去尋找、發現甚至利用它來成就自己的目標。潛能是無法被「發明」的，因爲「發明」是無中生有，根本沒有這樣的一回事。

我們能做到的，是發掘各自的潛能，運用到我們邁向目標、理想的過程裏。你別不斷地懷疑自己是否會做到，潛能就好比我們每個人的先天工具，將它放在適當的地方作爲輔助，把潛質釋放出來，將它最大化，也就是我們所説的發掘與實踐，就能走在對的路上。

在沒有專業指導下，
用自學的方式開始進行練習。
令我明白到，無論怎樣，
也要先開始才會成功。

在專人指導下進行長達四小時的Bike Fitting，
令我在訓練及突破世界紀錄時更有效率。
這個經驗令我明白細節對成功的重要性。

爸爸來到現場，
不但為我打氣，
還親身參與其中，
令我十分感動。

因此，能做到一些看似荒唐的壯舉，那不是奇跡，而是那個人懂得去發掘自己的潛能，加以運用。

要如何自我突破？必須要反覆從新事物中追尋。在我的生活中，我不斷地從各個角度與方位去思考，希望發掘我還未看到的自我突破方法，讓自己的事業、人生跨進一大步。

我們要以一個正確的角度去看，倘若發現了某些可以讓自己專注去做，並且得以受益的方式，就要放膽去執行。

每遇上難題，其解決方法也許不盡相同。高爾夫球的挑戰，也許需要從高爾夫球的知識系統中取得學問；登山的難題，或者必須深入了解攀登的知識，訓練自己的肌肉部位和體能。

遇上的難題越多，其實也意味着自己能學習到更多的知識。為什麼不選擇樂觀的態度去面對呢？

高效學習才是王道

人生沒有跨不過的坎，但有跨不完的坎，不斷學習才是解決問題的王道。

當一個人發現自己無法跨過那一次的難關時，就要馬上檢測自己是否把學習力集中在正確的地方。

一般來説，無論任何形態，普通人日均會使用2至3個小時來學習。即使是在面書上漫無目的地瀏覽同事的近況、關心娛樂圈八卦、閱讀新聞，或是觀賞任何內容的視頻，其實都是一種學習的模式，也具備學習的內容。差別在於，他們並不是在學習對他們生活相關的事物；這並不能拉近他們與目標的距離，每天不斷地在同一個坎前徘徊。

學習的時間需要爭取。當然，現代生活已將時間高度壓縮，尤其城市人的時間，更是被濃縮到必須分秒必爭的程度。因此我們必須策略性地進行學習，高度集中在與自己目標相關的領域。

有人把學習的專注力投注到錯誤的方向，獲得了對自己沒有幫助的知識，反而消耗更多的心力。

學習是一種選擇，並不存在快慢掌握的區別。一切只關於當事人如何安排和抉擇。

舉例來説，一個非跑步運動者剛開始起步，難免會呼吸不順暢，肌肉痠痛，甚至因跑步姿勢不正確而扭傷筋骨。但只要跑步次數累積越多，習慣了呼吸的節奏，跑步就會越來越輕鬆。這樣的學習，需要倚靠時間不斷精進與調整。我們不能只有三分鐘熱度，比如閱讀，豈能只用3分鐘就能學習、掌握得到知識呢?

與此同時，在擬定學習目標的時候，也不能把理想設定得過高過遠。而是必須劃分出不同的學習階段，分割成數個小目標，把初始的目標制定得合情合理，讓自己更容易達成。

每達成一個小目標，也能回顧自己的成長，給予自己信心，而不是執着於自己的失敗。循序漸進地接近你所要的大目標，才是長久之道。

以閱讀的習慣來說，原來沒有閱讀的人，最初培養閱讀習慣的時候，與其設下1小時或2小時的閱讀時間爲目標，不如設定日均15分鐘的閱讀時間，方才容易達成。

只要在過程中慢慢找到讓你進步的節奏，再循序加强也為時未晚。

如果一個人的人生一帆風順，沒有風浪，那麼他能學習到什麼新的學問來讓自己進步呢？就好比玩家們都認爲太容易的電腦遊戲不刺激、不好玩；反而每一個關卡都有精彩的挑戰、一關關去闖、突破、晉級，才能激起鬥志。

如果你是一個力求上進的人，在舒適圈待久了就會有渾身不自在的感覺，甚至懷疑自己的存在。而我在突破自己前，完全能感受和理解舒適圈能讓自己得過且過或內心掙扎的感受。我想要突破自我，邁向成功，因此我也經常强逼自己去進行一些我未曾做過的事情，例如我出版過的第一本書。當時我對寫作完全一竅不通，但我還是想盡辦法讓自己的書籍順利出版。

我相當樂意進行我不曾嘗試的事情——上電台受訪、書寫、出版著作，甚至是創下世界紀錄，都是我生平的第一次。我不會因爲經驗匱乏而退縮，正因爲不曾嘗試，更要勇往直前。

如果我退縮，就代表我永遠都不會有突破自己的機會。

挑戰是讓自己進步，我想讓大家都知道，生命中有許多無限的可能，因此我將會專注於到世界各地去啓發更多華人，讓他們創造屬於自己的命運，把訊息傳達到不同的國家。

尋找人生的仰慕者

當我正在宣導大家勇於挑戰，突破自我的時候，其實也有不少例子啓發我勇敢向前走，迎接未來的挑戰。知名武打演員李小龍、拳王穆罕默德・阿里(Muhammad Ali-Haj)，以及戰爭時期的英國首相温斯頓・丘吉爾(Winston Churchill)等，都影響了我。因此，我相信每一個人都有一定的影響力，包括你，也有這樣的能力。

我所舉出的上述的例子，他們都有各自的本領，只是他們充分地發揮了個人的特質。這一種潛能、特質其實是所有人共有的，不需刻意發明和製造出來，只要善於利用，就能讓自己發光發熱。從他們的身上，我明白了這一點，也接受了每個人都具有與生俱來的潛能。

這些英雄人物在我們大眾的眼裏，呈現一種努力不懈、在夢想中堅毅不拔的精神。我也看到了他們永不放棄的決心。

他們以自己的方式在世界留下渴望的痕跡，當他們往目標前進時，這一種特質與精神很容易地把所有人深深吸引住，因此我也想和他們一樣，也把他們當成我的導師，一步一步地接近目標。

接觸這些傳奇人物的故事，有時候我會想，如果他們都沒有堅持自己的未來，他們現在會是怎樣的呢?

至於我呢? 深刻地影響我的人只有一個，就是我的父親。即使父親只是一名平庸的貨車司機，事業上沒有驕人的成就，但我在他勤勉的精神裏，上了一生受用的寶貴一課。因此，我不相信天分，我相信勤勞就能創造未來。

你，可以比我更加愛挑戰，也可以超越我，因爲心態決定一切！

經過多場巡迴演講後，我在社交媒體上累積了數量龐大的追隨者，同時也經常收到各行各業的的留言訊息與電郵。我有義務讓他們明白人生中的無限可能，儘管這些追隨者未必有世俗定義上的成就，甚至「沒有成就」，但他們對人生充滿了希望。

這也是我和團隊繼續走下去的推動力了。

團隊在過去兩年得到很多國際上的獎項，令每位員工都萬分興奮。

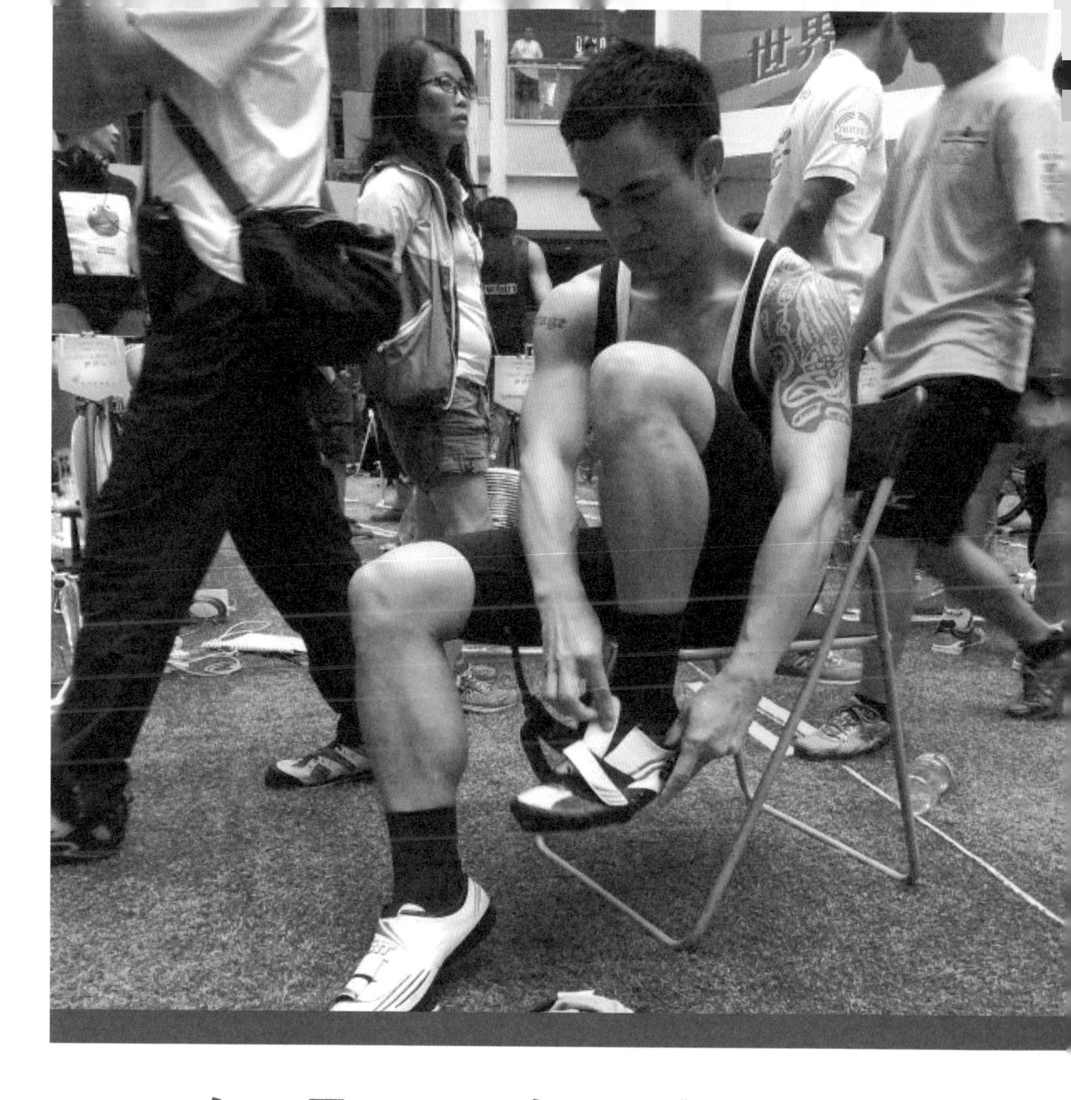

2014年6月7日下午三時，
為挑戰我第二個世界紀錄
「連續二十四小時踏單車發電」
準備就緒。

竟然渴望掌聲而不是成功?

至於成功是什麼?

每個人對成功的定義都不一樣，但需要自行去規劃人生中想要取得的成功輪廓，才能選擇正確的策略實踐活動。而他人的成功標準，也未必適用於自己。

除了讓自己更接近夢想、目標之外，對社會作出貢獻和回饋也是我對成功的定義。

例如，當我幫助很多人的時候，我就覺得自己是成功的人了。我不追求名利雙收，因爲我明白自己的成功，就是協助別人面對自己生命的潛能。生而爲人，就是給予我們存在的意義，付出貢獻來讓世界更美好。

因爲這樣的理念對自己和團隊都很重要，方能繼續走下去。

在我目前所做的事情當中，我的目的很簡單，就是盡我所能讓大眾明白，人生究竟是怎麼一回事，怎樣讓自己的未來過得更好。以我目前的進度來說，回饋和幫助社會還只是個開始。

當我所學習到、研究出來的一個體系與構架能夠讓人明白人生的無限，進而影響到他的事業、收入、地位，甚至把他的家庭關係變得更好時，這些不就是更實際的影響，讓社會更和諧美好嗎?

要是一個人，他把成功的定義扭曲了，比如根據報酬金錢及他人的掌聲與肯定來做一些事情時，會否因爲沒有掌聲而什麼都不做了呢? 要是身邊沒有人見證你的成就，是否就會原地不動，不真誠地去進行所有事情呢?

對我來說，即使身邊沒人，該做的事情，都要去完成；真心、認真地對待自己的目標，那麼成功就是必然的。

不計較掌聲地追求成功，才是最正確的心態。以我的觀點，用自己的能力、力量來幫助最多人，這才是成功。

從裁判官手上
接過我第二個世界紀錄證書。
很多謝香港知名
演員馬浚偉來
到現場打氣。

經過二十四小時
的奮鬥，終於成功
完成任務。

我明白，
要成功就必須奮鬥，
要成功就必須付出血汗，
要成功就必須不停挑戰自己。

圖中我正為第三個世界紀錄
「連續十二小時籃球走籃」
進行體能練習。

真心、認真對待自己的目標

那麼成功
就是必然

05
自我與夢想

眞正自我的定義

完成了3項打破世界紀錄的壯舉後，我的人生會因此成爲一場傳奇，或與普羅大眾產生强烈的距離感嗎？不，我依然認爲自己是名副其實的平凡人。

先前所遭遇的困難，是所有人生活都必有的瓶頸，我的人生一點也不奇特。

過去，我不斷尋找自己在這世界上的存在價值與意義，甚至經常質疑自己：「爲什麼我會在這裏？」在這茫然的過程中，我來回摸索自己的身分：我是誰？未來的我應何去何從？

如今，我已經具備了一定程度的影響力，作爲一名演講者到世界各地進行演說，我卻不認爲自己有多與眾不同。

天賦人權。生而爲人，我們都有選擇的權利。這是我們必須堅信的真理。一般我們所認知的「優秀」，往往是經過比較與競爭關係得出來的結論。但我們各自都有不同的潛能，又何必與其他人比較呢?

因此，我們一定要全心信任自己，持續地强化和肯定自我價值，更應該恰到好處、富有生命力、創造力地去發掘自己。

切勿將具有無限可能的自己隱藏或封閉起來，而是應該將潛能應用到生活中，與現實互相輝映，發揮你獨有的價值。

當我打破世界紀錄時，我希望大家明白的不只是突破世界紀錄這類流於表面的訊息，而是從我的行爲中領悟生活的可能性。因此，我堅信自己有能力以正面的方式去影響其他人，引導他們相信生命。

我宛如一名帶領大家看人生希望的生命導遊；首先透過自己的行爲讓大家看見我的生命，在生命中不斷追尋突破的過程，告訴大家生命的無限與美好，相信這一切皆有可能。想藉着自己的經歷來鼓勵世人，人的一生可以創造很多有意義的事情，可以突破無數次的自我。

作爲活生生的例子，我以身示範，讓身邊的人甚至世界各地的人都相信，所有的事情皆有可能！

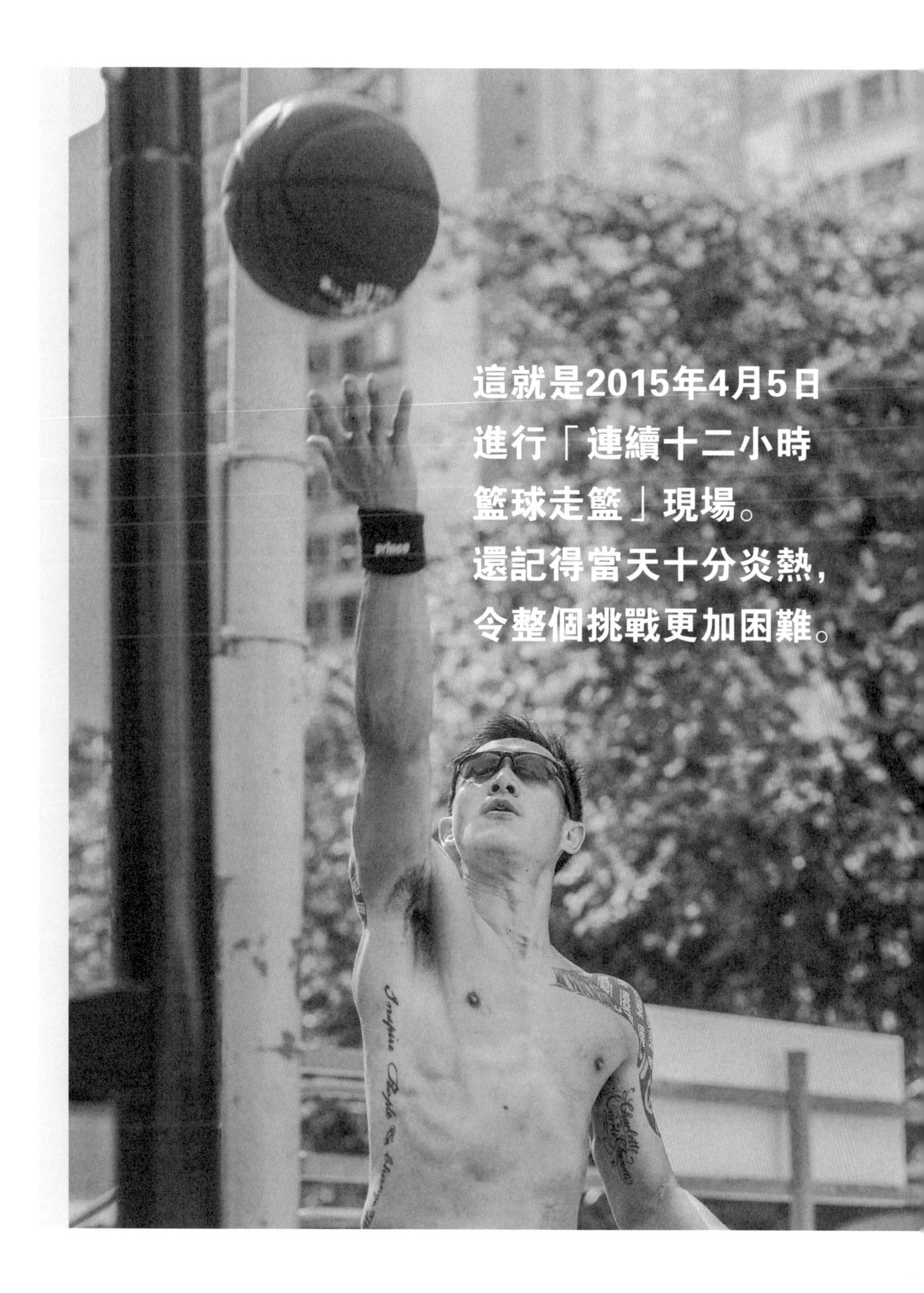

這就是2015年4月5日
進行「連續十二小時
籃球走籃」現場。
還記得當天十分炎熱，
令整個挑戰更加困難。

設定計劃，高遠目標

發掘自身優勢

設定計劃前，首先需要確定自己走在正確的方向，才能直達目標。

尋找我們合適的定位以前，首先必須釐清自己的强項：你善於思辨？有畫畫的才能？具有敏鋭的觀察力？還是體格强健？根據不同的範疇，爲自己勾選可能的才能，按優劣排序，再逐一删除，從中挑選出最有優勢的，也最有發揮空間的强項。

蛇沒有四肢，也沒有强而有力的肌肉，它無法在草原上奔跑，只適合滑行；一匹野馬也絕不會像蛇一樣鑽到洞穴之中，草原才是它的舞臺。我們必須辨清自己的才能，避免將專長引導向錯誤的方向。人的專長各不相同，有人是奔騰的野馬，有的則是敏捷靈活的蛇。如果身旁的友人是馬群，也無需改變自己作爲蛇的屬性，追隨他們的腳步，把不適合自己的草原視爲自己的舞臺。

認清自己的優勢，才能事半功倍。

若想要追求成就，全面地了解自己方能往這方面前進。過程中唯有認清自己的不完美，找出自己的強項並善用它，打造出屬於你的人生道路！

高遠的目標是必要的，但前提是必須清楚了解自己的長處與强項，才能跑在正確的軌道上。目標，不僅是用作追求最終結果的「燈塔」，指引前進的方向，它也在人生旅途中扮演着非常重要的角色。

以米高・佐敦(Michael Jordan)爲例，他曾是美國NBA職業籃球運動員。從年少開始就專注於自己的籃球强項，甚至獲取了籃球獎學金，入讀北卡羅萊納大學(University of North Carolina)。1984年，他成功加入NBA，其職業生涯僅僅過了一個月就登上《體育畫報》(Sports Illustrated)的封面，被命名爲「一個明星的誕生」。

年少的佐敦曾因身高關係，雖有卓越的籃球實力，還是遭到球隊的拒絕。但他並沒有因此中途放棄籃球的舞臺，而是蓄勢待發，繼續等待。正是這份對自己潛能的自信心，使他成爲今日家喻户曉的米高・佐敦。

那麼，我們應當如何辨識自己的潛能呢？其實，我們每個人都非常清楚自己本身的潛能，只是我們沒有用盡血汗和耐性將潛能栽培出來，因而令大部分的人都不自覺地埋沒掉自己的天分與才華。

有時候，我們對自己的專長並非毫無認知，而是先選擇否定自己。

從出生以來，我們便不斷地建構對自我的認知。偶爾我們對自身價值的評斷，會遠低於我們實際的價值。對自身價值的誤判，可能會導致我們漠視自己存在的强項，强烈否定，甚至裹足不前。這時，我們必須巡視對自身的評價是否在正確的層級裏，重新尋回我們的優勢。

確立人生目標

既然已經找到了自己的强項，就需要開始設定人生目標。所謂的目標，有大目標與小目標的區别。這裏所指的，是我們人生的終極目標，是宏大的、雄偉的目標。

假設我們是企業家，必須思考未來我們的企業，究竟是以區域性，還是以國際性發展爲目標。區域性企業和國際性企業無論在格局還是在運作模式上均有不同。

雖然是以同樣產品爲基礎，但行銷手法、品牌策略、受眾群、趨勢分析都差距甚遠。將區域性的商業模式誤置到國際性的運作模式，最終可能會遭遇經營虧損。

因此，我們必須設下具體的目標，使之符合現實情境與邏輯的原則。如果目標不具體，就無法衡量它的可行性和兑現度。當一個目標處於含糊不清的狀態時，就會降低一個人的積極性，甚至缺乏前進的動力。

擬定系列目標

有了遠大的終極目標，就可以開始草擬一系列的前進計劃。擬定好步驟，在計劃內部拆分成數個短期目標，也許是3個月、1個月、1/2個月，甚至是1週內必須完成的事項，按部就班地逐一達成。每一個小目標，都是一個人最終目標的過程。在每一個小目標的變化和調整，都會影響最終目標的結果。這也是運用在通往成功目標中的雪球效應。

與此同時，無論是大還是小的目標，也能使我們更清楚知道自己如何度過生命中的每一天，是否有跟上進度，並鞭策自己通往成功的道路。

這就是所謂的「里程碑」，它能成就夢想，與時並進地接近夢想。人生要是少了目標，那個人必定一事無成。

打個比方，若每日進步1%，那麼一年後便能進步8倍之多。所以，一開始就應該設定一個大目標，再將它們分拆成每一天必須達成的小目標，就能一步一腳印地去完成夢想了。

但這些遠大的理想，只是我們漫長的生活中，被切割成的其中一個小據點。在不同的生命階段，我們還要訂立每個階段的目標。

衝往夢想海洋

談到夢想，應該沒有人會想要它僅只是「夢」。因此，絕對鼓勵與贊成一個人敢夢敢想，對世界充滿好奇心並不是壞事。

與其説是痴人説夢，不如説是對人生、世界的好奇心。人生就是充滿稀奇古怪的事情，值得去好奇，例如過去有人好奇，人類能不能在天空中飛翔？能不能登陸火星？因此就有了飛機、火箭等發明。這些事情的發生都是由好奇心開始的。

發明家們的內心不僅對世界的各種好奇發出疑問，他們接着也嘗試尋找答案，才有那麼多文明、科技的出現；一般人往往只會好奇發問，並不會主動去尋求答案，這也是發明家和一般人的差別。

一旦夢想確定了，就要下定決心去執行！

經過十小時，
還有漫長
的兩小時。
為了完成挑戰，
必須咬緊牙關
堅持下去。

去到最後一小時
已經筋疲力竭，
連站起來也有困難，
要不停敷冰來
保持清醒。

Copy & Improve 複製進步

方向正確、有了目標以後，接着我們需要的是一套模式，推動自己走到理想的一端。這時，偶像崇拜就發揮了效用。我們可以複製他人的成功模式，運用到自己的目標裏，加以實踐。

我們都知道，成功人士的態度和精神值得我們去複製，甚至常常有人會説：「成功人士已經爲你打開一條道路，只需要跟着走就行了。」「成功的方式，就是複製成功。」然而這兩句話也只是對了一半，想要成功，就要懂得巧妙地運用他們成功的關鍵。

如果以多數企業家與知名人士的軌跡作爲參考，其實許多成功都是建立在複製的基礎上；複製以後，按照自身的優劣加以强化和改進，更加實際地影響他人，並回饋社會。

別人的處世方針、態度、精神、言論，甚至更廣大的範疇——商業模式，都能成爲複製的可能，差別在於，我們需要把擅長的領域置入更新穎的模式，最終爲用户、大眾帶來影響，成爲脱穎而出的例子。

那麼，誰是我們複製和模仿的典範呢？那個人必須有着類似的經驗，走過相似的路，不僅取得了成功，且至今仍在成功的道路上邁進的一位人士。

一般來説，父母因爲與孩子血緣的親密聯繫，與文化、生活相近，因此容易成爲孩子，尤其是建構自我意識年齡階段學習和模仿的對象。模仿的層面，擴展到個性氣質、行爲模式、待人處世，甚至一整套價值判斷。

因此，從我們出生到成長，模仿和複製的對象，往往就是我們的雙親，直到我們建構成熟、完整的自我意識爲止。

而在世俗定義上，尤其叱咤國際的知名人物，則是另一個我們有意識地複製和參考的對象。

值得欣賞的名人有好幾位，例如拳王穆罕默德・阿里、英國首相温斯頓・丘吉爾等等。他們都具備了一些比常人更突出的特質，值得我們去學習。像一盞明燈，照明每一處方向。

我會從自己欣賞的名人身上，大量閱讀他們的心路歷程，解析他們的强項、優勢、脾性、原則，如何引領向成功；尋找他們身上的特質，並加以改良再運用到自己身上。

其中，影響我最深遠的人物是著名武打巨星——李小龍(Bruce Lee)。在上世紀60年代，正是李小龍到美國留學的時期。當時的美國依然存在嚴重的華人歧視，但李小龍以自己的武術實力突破重圍，甚至成功闖蕩以白人爲主流的荷李活演藝圈，成爲影視巨星。

至今他武術與格鬥綜合的身影，依然常見於許多好荷李活作片之中。儘管身處的環境惡劣，他依然相當有自信，不管是華人文化圈還是歐美文化圈，他都毫無畏懼。

李小龍給予我人生的啓示：即使還未達到成功，我們都要對自己有信心，面對挑戰，成就未來。

這些傳奇人物的事跡，對我既是一項警惕，避免重蹈覆轍；同時提醒我必須按照個人固有的條件與情境來達成目標。如果我的生命歷程有幸傳承下去，可能也會產生正面的影響，促使世人相信生命有千千萬萬種可能。

如前所述，我的父親是真正深深影響我的人。他的存在，對我而言具有非凡的意義。無論工作多麼勞累，他也毫無埋怨，不曾把負能量傳遞給旁人。他是我生活的啓示：無論遇上任何狀況，無論嚴重程度有多少，都應當視之爲自己的職責，竭盡全力解決問題。

舉例來説，如果女兒課業成績不好，我認爲這是我的責任，因爲我監督不周，疏失父親的職務；要是女朋友不開心，也是我的問題，因爲我沒適時關懷她的近況，對她有所疏忽。

我們應當學習承擔，把周邊的責任放在自己身上，對自身的處境有所控制，才能成就大事。

如果以逃避的方式將問題擱置在一旁，置諸不理，最終只會讓問題的雪球滾成更龐大的難題。即使過程可能很艱苦、跌宕起伏，但唯有正面交鋒，才是正確的解決方法。

基本上，若非關乎生死的議題，我對人事關係、生活困難，甚至是經濟危機，都採取積極的心態。我信賴自己解決問題的能力，遇事也處變不驚。

作爲一名領袖，無論是家庭的一家之主還是企業的領導者，遇事從容，才能在眾人都慌亂時，成爲穩定中心的關鍵。

信任自己。

缺少信任，意味着我們其實缺乏一種信仰——相信過程與堅持將帶來美好的結局。就好像我所說的，相信過程，凡是走過必留下痕跡，努力的人不會一無所獲。成功的人們都相信自己，也相信勤奮的過程。

「成功」二字的背後摻雜着無數的堅持與不懈。

遇到困難時，繼續相信自己可以做到。

永遠要提醒自己，不要放棄。

成功刷新
「連續十二小時籃球走籃」
世界紀錄，
大家也十分感動，
我也忍不住喜極而泣。

大新人壽與你投入
#DSLHoopsForH
就係香港
ary Advisor
COSMAN
HEALTH GROUP LTD

從裁判官手上
接過第三個
世界紀錄證書。
再一次證明，
只要願意付出、
敢於夢想，
沒有什麼不可能。

「成功」二字的背後摻雜着無數的堅持與不懈

06
自律與時間
消失中的時間

時間管理的哲學

時間管理，在邁向目標的過程中有着舉足輕重的角色。時間管理，並不是指在特定時間裏塞滿待辦事項，而是妥善地進行取捨，按照事件的重要性安排先後順序，同時拒絕任何無足輕重的事項。

時間是所有人公平且共有的。從早到晚，我們每個人都擁有標準的24小時；然而時間亦是專制絕情的，因爲它注定流逝，從來不存在挽留的可能性。於是，能否順利走向成功，就觀乎我們究竟是揮霍，還是善用了時間。

在許多人看來，時間的規劃與管理，只需運用在工作當中，並不適用於生活。但實際上，對成功人士來説，時間管理的哲學同樣需要貫徹到日常生活之中，把握分分秒秒。時間管理講求的不是速度，是嚴謹的時間規劃；它也是管治自我慾望的舉動，避免我們過度耽溺在怠惰的享樂行爲中。時間管理除了決定該做什麼事之外，更明確地決定了什麼事情是可以避免的。

運用網絡，
令身處世界各地的學員
也能夠有效地學習。
令成功不再受時間、
地域限制。

專注力即成功力

另外，專注也是成功的必要條件。它能讓你變得高效，準確地去完成任務，達成目標。過多的目標容易消耗掉我們的精神，降低專注力和生產能力。因此，我們應當避免同時間安排過多的事情，一樣一樣逐步完成，才能讓專注力持久。

比如我正在處理一項工作，另一位同事同時處理3項工作；我的24小時都能專注於這項工作，而他的一天則要分配給3項工作，試問誰可以更加集中地處理事情?

當然是只進行一項工作的我。

如果以同樣3項工作爲基礎，對方也許可以1天完成，卻因爲有所疏忽而需要重新檢視、反覆修改，反而失去效率，也在耗損自己的耐性。

相較之下，雖然我只完成了一項，失誤的機率卻會明顯地降低，而我也能投入地、深入地完成這項工作。

切記！成功不是取決於你能做多少事，而是你能做到多「專」！我們要適時學會說“No”，勇於拒絕那些會阻礙你成功的事情。

當然，我日常需要處理的事務依然繁忙，可是一旦進入指定任務時，必定會全神貫注地工作，絕不一心多用。

在我的生活中出現不少失敗的案例，他們都在同時處理多項任務，因此在無法集中的情況下，表現差强人意，甚至無法如期完成。

即使通往目標的里程碑有多枯燥，一旦投入集中力，認真看待，就會發現其中的樂趣。當我們收納心神，高度地專注，將會發現事物的細緻。

自律＝自由

所謂自由，不是指我們任意妄爲、隨心所欲，而是指自我控制的能力。只有自律，才能達成這樣的效果，唯有提升自己各方面的能力，才有選擇的餘地。

自律者，可以調配好時間，掌握事情的進度，使生活和工作的步伐在自己規劃之中。由於調控得當，其實自律者可享有更充裕的自由時間。他們在預想中完成工作，將額外空出的行程用作其他活動。

自律者，通常擁有自己專屬的「時間表」。由於工作因素，我的時間表都是由秘書安排，而我也相當尊重他們爲我規劃的行程。最初，我其實非常不習慣交由別人安排自己的時間表，但是後來發現，其實自己並無暇處理，而秘書則相對擅長。漸漸地，我也接納並專注履行他們爲我制訂的行程表。

如今，每到公司開始工作前，秘書都會先向我匯報當日的行程。工欲善其事，必先利其器，有秘書的妥善調配，更能夠專注地在指定時間內完成指定工作，同時也能在忙碌的一天開始前，知道自己當天要完成些什麼，自律自然從中培養出來了。

然而我們不能急功近利。即便我們能力有多麼卓越，我們也絕不可能同時間完美地執行所有工作。急功近利一旦過火，便會使人厭惡，甚至導致更嚴重的後果。

商人的急於求成可能會反向導致生意的虧損；政治人物貪婪則會違反民意，斷送前景；領導者貪無止境，則會將國家推向沒落貧窮的可能。

一次只專注於一個目標、一項任務，遠比所有事情都「蜻蜓點水」來得妥當。

實現夢想的途徑，當然少不了「堅持」二字。尤其是在堅持每一天學習去完成目標的路上，所領悟和得到的知識都是成就夢想的元素、解決問題的關鍵。

學習幾乎是我的日常習慣。除了生活歷練所累積起來的經驗知識，書面上的、理論上的學問也很重要。因此每一天，我平均會花上個半小時來閱讀。學習，當然是我工作中的一部分。作爲激勵講師，我的聽眾遍布各領域與階層，向他們進行演説時，我需要涉獵不同方面的知識協助我詮釋自己的想法：提出案例時，我才能舉一反三，使不同專業的聽眾都有所共鳴。同時，也讓自己的表述結構更加嚴密。

以上我所言及的學習，就是一種自律的表現。如第5章所述，我除了閱讀人物自傳類型的書籍以外，一般來説，也會針對自己的工作，選擇適合我的書籍，用以加强我邏輯思維與知識，心理學、企業管理、商業管理、英雄人物自傳、職場領導等類型的書籍都會成爲我的囊中物。

學習，是給自己補充在社會中力量的來源，必須先有知識的輸入，才能輸出生產力。尤其在如今這個知識更新週期越來越短的時代，只有不斷地學習，才能不斷攝取在社會中前進的能量，適應大環境的發展，並在逆境中生存下來。

接受香港新城電台訪問，分享突破人生及事業的經歷。

透過網上平台，為來自世界各地的學員解答問題。

習慣
成自然

或許許多人認爲，自律地學習很無趣，也很單調，但習慣必須逐步養成，在相同的情境中反覆出現，增加行爲與情境的連繫，形成一種行爲的潛意識。

就像減肥的開始是相當艱難、辛苦的，但過了幾週的適應期後，身體就會無意識地去執行，這也是我們所說的「習慣」。

新習慣的培養，總是不自在的。比如原本清晨7時起床的習慣，突然需要改變爲5時晨起。在調整的最初，我們理所當然會感到精神疲勞，但日子久了就會成爲潛意識中自然執行的常態。

習慣，就和植物一樣，萌芽時期的小幼苗總是很脆弱，稍有一點風吹草動就會被連根拔起。當長成參天大樹時，它們就會根深蒂固，難以根除！所有貌似自然的習慣初始都是由有意的訓練演繹而成的。

在養成的過程中，我們難免會感到壓力與不適，但一旦適應了，則不再是個難題。

一般來説，一個習慣的養成需要耗費至少兩個月的時間，形成我們身體或意識的一種反射性行爲。眾所皆知，大部分香港人的英語可能會出現兩種狀況：受到英殖民地的影響，我們的英語可能帶有英國腔，又或者是帶有粵語腔。

我到夏威夷留學以後，以美式英語爲主流的整體環境，也逐漸養成我美式的腔調。

今日的你，是你過去習慣的結果；今日的習慣，將決定你明日的命運。

習慣並不僅止於外在的行爲模式，我們內在的心理狀態，也需要「習慣」的心理機制。面對挑戰是一套外在的行爲，但面對挑戰之前所作的心理調適工作，也是習慣的一種表現型態。當我們習慣了「心理調適——挑戰」這一套運作機制以後，面對嚴重的事態，我們也能駕輕就熟。因爲我們經常自我挑戰，隨時處於備戰狀態，身心成長也比別人更加迅速。

遇上困難的次數越多，我們將會主動產生條件性反射動作——尋找方法，解決困難。渴望達成成就，就需要接受成功人士面對很多挑戰的事實。

即使周遭沒有挑戰，我們也要製造挑戰、克服挑戰，爲成功的過程增加學習機會。

因此，務必要改變所有讓自己不快樂、不成功的習慣，這樣才能改變命運；當良好習慣的範圍越大，生命將越自由、充滿活力，成就也會越來越大。

所有偉大的成就，都是由日常的小成就堆疊而成。成功，並非想象中的遙不可及，只要每天養成一個好習慣，堅持下去，就能有成功的一天。養成好習慣很容易，難的是堅持下去。這就歸咎於信念和毅力，具備這兩者的人士少之又少，因此成功只佔了世界人口的少數。

好習慣成就人生

一個習慣，若是理想的行爲，那麼落實到生活裏並沒有大礙，甚至終將產生巨大的力量，成爲推動自己進步的元素。許多人都渴望有偉大的成就，這個前提是：讓習慣成就你想要的人生。

若是我們察覺自己的生活習慣會爲他人帶來負面的影響，那麼我們必須加以改善，避免爲他人帶來困擾。因此，我時刻審視自己的習慣，觀察它們爲自己的周遭環境帶來什麼樣的狀況。

雖然工作佔了我生活的絶大部分，可是我不會因此而犧牲與家人的共處時間。我幾乎是一個工作狂，相當熱愛工作。即使在週末，當大家在賴床、爬山、聽音樂會，甚至打麻將的時候，我也寧願留在辦公室裏工作。

我甚至曾和朋友玩笑道：要是公司有沐浴設備，我應該會乾脆當個「不歸家的人」，選擇住在辦公室裏。但我依然會抽出時間與家人、父母聚餐，陪伴我的兩個女兒。我也會允許女兒到我的辦公室玩樂，捉緊和她們相處的每一分、每一秒。

工作與生活平衡，在現代似乎是奢侈的期望。工作是我們社會生產活動的一種表現，也是我們換取資本金錢的方式，在生活裏，工作佔據我們生活最大的部分。

我極少有娛樂活動，每天平均工作時間介乎9至14小時之間，其餘留給家庭生活，一小部分時間則用來運動。在一週內，如有空檔，我會抽出至少45分鐘的時間做運動。

如你們所見，運動佔據了我生活中相對小量的部分，因此在公司裏，如有閒暇，我便會順手舉舉啞鈴，做輕鬆的重量訓練，盡可能地爭取運動量，維持身體健康。

至於會允許女兒到我的辦公室，除了家庭生活的考量，我也很重視她們對我工作的認知，提供她們有關社會活動的一些概念。作爲社會中的一員，每一個個體都是社會這部龐大機械的其中一顆螺絲釘、齒輪，是社會運作與生產活動不可或缺的一環。

因此，大家需要不斷創造共同體的新價值，永續發展、共同繁榮，我期盼她們對此有所認知：大家同樣都是社會公民的一分子，有貢獻社會的義務與責任。

我們從生命的整體不斷累積經驗，學習人生的真諦；而日常的學習，則需要從我們內在開始自省，時刻反思。通過日常的省思，認同自己、熟知我們本身的强項，揮灑我們自信，才有可能説服別人認同自己。

然後慶幸，自己的富足。

知足心態很重要

知足，並不是指滿足於現狀，故步自封。這裏的知足，是指我們珍惜自己所擁有的能力及優勢，而不是自怨自艾，抱怨自己沒有資源的同時，也一味嫉妒他人所擁有的。

我們的才能，滋養我們的一切，即是我們的財富。只有懂得欣賞自己才能的人，才會發揮所能，走上成功之路。

正因爲知足，透過對往日的比照，知足者更能珍惜當下的幸福，明白自己一路來之不易，不輕易落入慾望的陷阱裏。

有的人經常埋怨自己一無所有，但他們卻不曾想到健康即爲一個人最基本的財富。失去健康的體魄，連生存也成了一種奢望。舉例而言：如果我們對自己的健康不滿，那麼我們就要探討自己的飲食習慣和運動習慣是否足夠支撐起一個强健的體魄。

接下來，再進一步思考：要是我改變了這兩個習慣，身體是否就會變得健康呢?

當我們知足，對自己、世界還有人生的想法就會不一樣了。珍惜自己所擁有的，才能回饋更多給家庭和社會。

在不同的城市
進行大型的培訓演講會，
宣揚每個人也可以用
雙手創造屬於
自己的命運的理念，
令每一個人
也可以活一個
不受限制的人生。

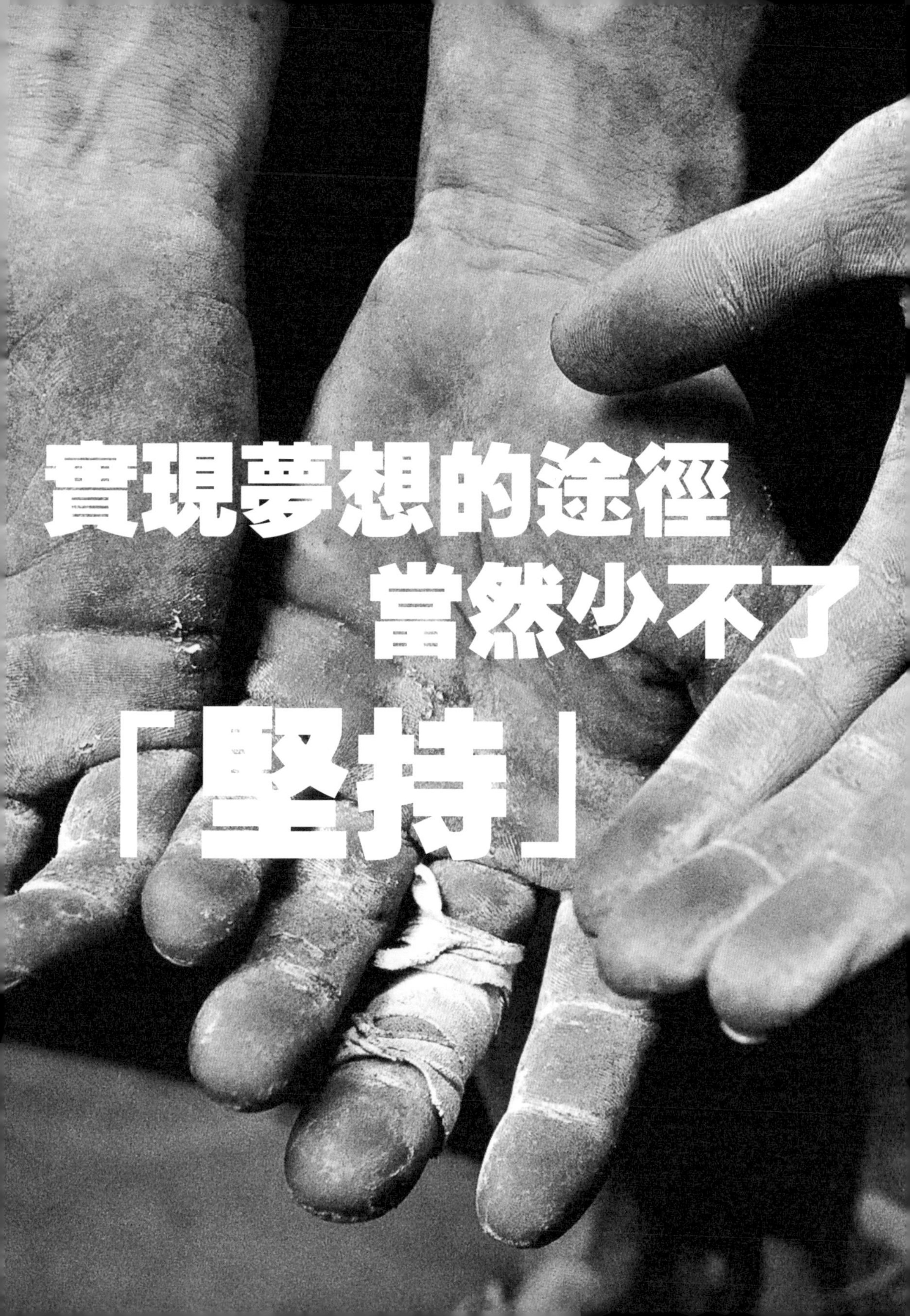

實現夢想的途徑

當然少不了

「堅持」

07
掙取知識比金錢重要

「成功人士」只是一種選擇

什麼是夢想？夢想，是隱藏在意識深處一個終極的烏托邦，是我們最渴望達成的目標，也是一生中最重要的精神支柱。

但夢想並不是一顆耀眼的星星，不是那麼的遙不可及。恰恰相反，夢想就像潛伏在你體內的靈魂，只有不斷前進，以自己的潛能發揮所長，奔馳在正確的路上，才能讓這個「龐然大物」展翅高飛。

成功人士與夢想的距離，一直近在咫尺。他們趕上了夢想的腳步後，又再設定更遠的終點，持續前進。這一種拉扯讓他們在自己的領域中不斷接受挑戰，再突破，進而取得更上一層樓的「成功」。

想要成爲一個有夢想的成功人士，就要思考「夢想」在我們心中的重量。夢想的功能，除了鞭策自己進步以外，還能推動社會發展的進程。尤其當我們的夢想與影響圈，甚至世界更多群眾共同產生化學作用時，我們將會更有動力前往下一個成功的支點。

夢想，如果僅止於股票投資上的利潤報酬，其實是相當膚淺的。夢想應當宏大，爲身邊甚至全世界的人帶來美好的影響。

在追尋成功的路上，難免會遭遇到挫折，這時應當進行自我提醒，仔細分析及探討失敗的因素，才能順利地持續前進。

在我的定義裏，成功並不能單憑金錢來衡量。成功，是我們的夢想也能成就別人的夢想；成功，是我們的行爲如何改善他人的生活。只要從這個想法切入，就能體會到局限於個人的成就僅是自我娛樂而已。

在設定目標的過程中，每個人會因爲信仰和價值觀而產生許多不同的夢想。這些元素對一個嚮往成功的人來説，非常重要；因爲，它們代表着你看待這世界的眼光，是以什麼心態來生活。我想，大家都知道「夢想創造財富」的這個説法，指的是人必須擁有成功的渴望，並運用强烈的成功意念來强化大腦。

通過這樣的强化過程，不僅讓自身的價值大大提升，還能幫助吸引身邊更多擁有同樣引力的人事物，化爲助力來達成目標。

有了價值觀，就等於找到了做人的原則。那到底什麼是價值觀呢？「價值觀」是每個人處理事情時的一個基本準則，它能決定你做還是不做，而在兩者之間的準則就是所謂的價值觀。

簡單來説，價值觀就是一個人是非對錯的判斷；它也決定一個人價值認識的序列及進行取捨的標準。

我相信，每一個人，
無論任何背景、學歷、性別、膚色
也可以創造屬於自己的命運。

我的人生哲學——
創造命運/Create Destiny，
就是這個意思。

如何樹立正確的價值觀

那麼，價值觀又是如何產生的呢?

價值觀的塑造是後天養成的，而非先天的。當個人社會化——家庭、校園、工作——以後，將會逐漸形成自己的價值觀。價值觀，是源自於一個人的信念，因爲相信和堅持，才會構成自己潛意識裏處事、生活的觀念。它的形成將會受到環境影響。

雖然出身貧寒，自小就沒有太多物質上的享受，但走在人生路上時，你會發現，不論什麼性別、外表、背景、學歷，有無人脈抑或誕生於哪個國家，都無所謂，只因那些因素都無法阻礙我們用自己的雙手創造屬於我們的命運。

這，就是我人生的價值觀。我出版過的書籍，發布過的每個視頻及直播，甚至推出過的每個課程，皆只有一個目的——令大眾相信自己，且用雙手創造自己的命運。若無法讓他們重燃對生命的熱誠，及重拾成就豐盛人生的那份決心，我寧可不做。

任何人都有自己的價值判斷與行事準則，因此沒有絕對的是非對錯。一旦我們擁有了自己的價值觀，我們待人處事的態度也會建立在這些價值觀的基礎上。

如我的公司所堅信的五大價值觀，它令我們擁有共同的語言、想法和行爲，除了工作上，亦能應用於日常生活中。

以下便是我公司堅信和堅守的五大價值觀:

我們打破常規(We Break Barriers)

我不喜歡跟隨行規,「別人怎麼做,我就怎麼做」並不是我的處事風格。我堅信,若要去到別人去不了的高度,那麼就不能夠遵循所謂的常規去做事。「破格」是我們的態度,我們從不受常規所約束,甚至會自己設定標準,成爲同行之間的標竿。

我們行動快速(We Are Quick)

無論大小事情都要很有效率地處理,要知道在這凡事講求快的速食年代裏,「誰快誰就贏」是永遠不變的道理。「快」是一件很重要的事情,且已和能力無關,所以自己本身一定要自律,比過去的我、比對手更快,才能更快速爲身邊的人帶來改變。

我們學無止境(We Are A Sponge)

由於我現在做着的事情是需要用自身的知識來啓發、鼓勵身邊的人,甚至是世界各地的粉絲們,所以知識是我最大的武器。我非常鼓勵大家不斷學習,因爲只有透過此舉才能用知識來啓發更多的人。若沒有知識,哪裏還有資格教導那麼多人或學生呢?如我們公司的文化:在每天的早會中,員工們都會積極分享所學到的新知識或能令整個團隊成長的新想法。

我們享受樂趣(We Have Fun)

人生其實很難沒有樂趣，尤其我不會重複同樣的工作項目，而每個新項目或多或少都會包含一些新知識，這會讓整個過程變得越發好玩及刺激。相信無論是大人抑或小孩，都不會願意去做沉悶、無聊的事情。所以我們秉持着在追求成就的同時，也享受當中所帶來的樂趣。

我們就是典範(We Are Role-Model)

身爲一名激勵講師，最重要的就是怎樣去啓發或令別人相信原來這個世界是無限制的。但在啓發別人之前，首先要相信自己。我堅決不碰處於灰色地帶的任何事物，因爲一旦接觸了，便不再能成爲他人的典範。以真誠及尊重的態度來啓發大眾是我們一直以來秉持的原則。

人生短暫，

最重要就是活得精彩、活得有意義。

而每一個人，

都可以「選擇」做得到。

明智創造
你的
幸福人生

從生物學意義上來説，世界千萬物種都在按照生物發展的規律，經歷進化與演化的階段。如鱷魚從初龍類逐漸演化成變温且新陳代謝較慢的兩棲類生物；始祖馬從四趾演化成現代馬之單趾，進化爲適合快奔速跑的生物。

在花開花落的每一個瞬間，世界正在歷經無數的變化，而人類也是如此：我們每日所經歷的細微變化，也許微不足道，但日積月累下，將會逐漸外顯爲一種顯着的改變。

在精神的意義上，人類也同樣在不斷地尋求提升自我的境界。如此，在人生的旅途中，無論經歷了什麼，都會因爲一些事情而有所領悟，强化價值觀、信仰，才能有所昇華。而我，則選擇以多元化的視角來看待世界，開放自己的胸懷接納不同領域的知識。

對我而言，金錢只是生活中的副產品。金錢並不能設爲生活的第一目標，因爲這樣並不能讓自己走得更遠。

在現實中，群眾都以利潤總額、財富價值，或是權威爲成功的定義，其實不然。這種定義下的「成功」，僅流於膚淺。一旦把純粹的金錢利益設爲終極夢想，我相信真正能達到目標的人少之又少。

幸福的來源，其實可從知識中獲取。我的主要目的是讓多數人都能感受到正面的價值觀，因爲我的影響而令人們相信人生無限的可能，自然就會從中得到金錢。

只是談及金錢和地位的目標，並無法向更多人分享成功的意義，更不能讓人感受到背後的價值，要是每個人都以這樣的心態上進，這個社會也談不上是健康的成功。

成功不一定是擁有洋房、大車、頭銜、地位。其實，這些只是你在成功過程中的附屬品，只是一個數目的標籤。真正的成功，是在於你能夠幫助多少人。當你幫助的人越多，便會越成功！

此外，我們要了解有好幾個要素能讓自己在追求成功的過程中遇强越强，首先必須有足夠的成功欲望、相信自己能成功、享受奮鬥的過程，以及隨時做好失敗的準備，並嘗試突破。儘管如此，在成功的路上，只要有知識和準確的價值觀，便能讓自己在邁向目標的過程中更加有動力。

那我們要如何獲取知識呢？

“用行動來表達你的世界觀、用行動代替說話、用行動創造一個精彩人生！”車志健

探索知識增進自身價值

知識，是人類生存以來不斷累積的非物質性產物。在人類發展的歷史進程中，經驗層面的抽象知識書寫成字、系統化，並逐漸分門別類成各個學科的專業知識。當然，人非全能的上帝，我們所能記取的知識量有限，並不能通通都盈握於心。

事實上，我們有多種獲取知識的途徑。除了常見的文字媒介以外，聲音、圖像，都是傳播知識的形式。這意味着傳統的閱讀模式已經不是唯一取得知識的方法，如今知識呈現給群眾的模式已經越趨便利、簡化及多樣化。知識的獲取，其實無所不在。

而我呢？我慣常以閱讀來啓發自己，通過別人的生命歷程來補給自身的不足。同時，我也會與前輩們交流，透過對談從中獲得啓發。對談也是取得知識的方式，雙方的觀點交流往往能引發許多意料之外的思考。

知識並不能僅止於書面學問。取得知識後，必須從抽象的層面落實在具體中，運用到實際的生活。吸取了龐大的知識以後，我們也須及時歸納總結，梳理其脈絡。如此面對難題時方能憑藉所學迅速提出解決方法，發現新問題的同時也能不斷解決。

以新知識解決新問題，從中又能學到新知識，這樣無限循環的學習，是求知的最好方法。在這個資訊爆炸的時代，過多學問反而讓自己更焦慮，甚至發現學了再多，人生也沒任何變化，反而更容易迷失。

在選擇知識前，必須注意，並不是義無反顧地學習就能達到目標，而是要慎選適合自己的知識，認清學習目的才能有效地學習。如果所得到的知識能運用到本身涉及的領域，那麼這將會是受用無窮的學問；若剛好相反，則必須學會取捨，放棄無謂的學習。

如何在龐大而五花八門的知識體系中抉擇呢？首先，必須估量相關知識對自己所能產生最大的效用，以及其實踐度，以此爲基準進行篩選，便能避免許多冤枉路。若對任何知識來者不拒，則會產生內部資訊過度膨脹，反而造成混淆，影響我們對知識準確性的判斷。重複圍困在同一個節點上，其實耗費更多心神。

知識無限。求知永遠不嫌多，妙在如何運用到生活中。沒有任何特定的系統可以完美地引導一個人走向成功，關鍵是運用策略與操作的方法。

幸福與成功眞能成正比？

雖然成功與幸福不能劃上等號，也不代表成功的人是幸福的。

做任何事情，個人態度將會爲他的人生帶來非常多的變化。幸福的人往往會有健康的心理素質，對自己的生活更珍惜、知足，也更勇敢追求夢想。

幸福，其實指的是一種心理狀態。我的成功，是在不斷挑戰自我的過程裏建立起來的。我的成功也給予許多人鼓勵與幫助。我奉獻關懷予人，而他們的回報又賦予我自信，成就了我的成功。這兩者形成一種循環，幸福與成功，緊密地相連。

成功，在生命的不同階段以各自特殊的樣態呈現，同時也具備了不同的意義。成功對我來説並不是終點，而是一個永無止境的過程。在此過程裏，不斷催逼自己潛藏的能力，使之發揮到極致，將我們隱藏的所有可能性都挖掘出來。同時，無所畏懼地設下遠大的目標，突破重圍。唯有不斷接受挑戰，才是對自己「成功」最好的交代。

我們生命的歷程，並不存在單一曲線的起承轉合，其中必然起落無數：沒有唯一的成功巔峰，也沒有必然失敗的終點。除了死亡——當軀體枯槁、形神俱滅的那一刻——才是生命真正的終結。在此之前，人生是不斷前進的。

生命中有許多「不可能的事」活生生地在進行着。別爲自己畫地自限，宣稱「不可能」。世界無限廣大，限制的是自己的心。想要成就，首先需張開胸懷接受生活中一切存在的可能，綻放自己的光芒。

直到死亡來臨之前，一個人的成功並沒有句點。而金錢、物質，永遠也無法衡量及定義「成功」兩個字。

你的人生、未來與夢想，由你創造你做主！

創造命運夢想家

CREATE YOUR DESTINY

作者	/	車志健
出版經理	/	林瑞芳
責任編輯	/	周詩韵、梁觀祺
編輯	/	周曉琪、李鎂鐿、王靜湄
協力	/	楊凱欣
封面設計	/	莫尼特、BeHi The Scene
美術設計	/	顧潔瑩、林詩儀、黎彥霓、 李雪慧、伍倩怡、朱瞳
出版	/	明窗出版社
發行	/	明報出版社有限公司 香港柴灣嘉業街18號 明報工業中心A座15樓
電話	/	2595 3215
傳真	/	2898 2646
網址	/	http://books.mingpao.com/
電子郵箱	/	mpp@mingpao.com
版次	/	二〇一九年七月初版
ISBN	/	978-988-8526-62-8
承印	/	美雅印刷製本有限公司

創造
命運

夢想家

創造命運

夢想家